"十二五"职业教育国家规划教材
经全国职业教育教材审定委员会审定

微课版

智能电子产品 设计与制作

新世纪高职高专教材编审委员会 组编

主 编 蔡建军 谷永先

第二版

U0244857

大连理工大学出版社

图书在版编目(CIP)数据

智能电子产品设计与制作 / 蔡建军,谷永先主编
. -- 2 版. -- 大连 : 大连理工大学出版社,2019.9(2023.7 重印)
新世纪高职高专电子信息类课程规划教材
ISBN 978-7-5685-2294-6

Ⅰ. ①智… Ⅱ. ①蔡… ②谷… Ⅲ. ①电子产品-智
能设计-高等职业教育-教材 Ⅳ. ①TN602-39

中国版本图书馆 CIP 数据核字(2019)第 240434 号

大连理工大学出版社出版
地址:大连市软件园路 80 号 邮政编码:116023
发行:0411-84708842 邮购:0411-84708943 传真:0411-84701466
E-mail:dutp@dutp.cn URL:https://www.dutp.cn
沈阳市永鑫彩印厂印刷   大连理工大学出版社发行

幅面尺寸:185mm×260mm   印张:13.75   字数:315 千字
2015 年 1 月第 1 版   2019 年 9 月第 2 版
2023 年 7 月第 6 次印刷

责任编辑:马 双   责任校对:高智银
封面设计:张 莹

ISBN 978-7-5685-2294-6   定 价:40.80 元

《智能电子产品设计与制作》（第二版）是"十二五"职业教育国家规划教材，也是新世纪高职高专教材编审委员会组编的电子信息类课程规划教材之一。

党的二十大报告指出，推动制造业高端化、智能化、绿色化发展，推动战略性新兴产业融合集群发展。实现这些重要目标的有效赛道之一，就是智能电子技术的深入融合与交叉发展，教材编写团队以智能温度控制仪为载体，系统地介绍了智能电子产品设计、加工、调试的全流程，提升学生的职业道德素养与科学素养。

随着科技的不断进步，现代电子技术飞速发展，新器件不断涌现，电子产品日新月异，其技术含量不断提高，这就要求从业人员具备全面的电子技术技能。通过对企业调研发现，电子信息类企业从业人员广泛分布在电路原理设计、印制电路板设计、产品调试等电子产品设计制造过程的各种岗位。这些工作岗位不仅对专业技术有相当的要求，对职业素质更有较高的要求。同时，这些岗位的工作呈现系列化、层次化等特点，从事该类工作能够很好地实现现代高职电子信息大类专业毕业生首岗适应、多岗迁移、持续发展的培养目标。

本教材从内容选取来看，针对智能电子产品设计与制作从业岗位，以企业的电子产品设计和制造过程为主线，体现了职业岗位对知识、技能和素质的要求。从内容排序来看，按照"电子产品设计制造流程"组织教材内容，结合了电子产品设计制造工作实际，体现了工作过程导向的特点。从内容组织来看，通过项目描述、项目知识准备、项目实施示例等环节,为项目实施提供知识、技能准备,体现工学结合的理念。

本教材主要内容包括导学、电子产品电路设计、电子产品印制电路板设计、电子产品装制与调试、电子产品技术文件的撰写五个方面。

导学部分介绍了电子产品设计与制作的特点和步骤,电子产品设计的内容与方法,描述了电子产品设计工作岗位的概况,同时给出了本课程的参考学习方法。试图解释清楚本课程学习什么内容、为什么要学以及如何学习这三个基本问题。

电子产品电路设计部分介绍了如何进行技术要求的分析,制订和确定总体方案,如何进行模块化电路设计,确定元器件及其参数,进行软件设计,并以环境要素采集仪、温度控制仪为例,介绍了电子产品电路设计的方法和设计过程。

电子产品印制电路板设计部分介绍了印制电路板设计软件的使用方法、印制电路板的布局原则、印制导线的走向工艺、焊盘的布设规范、抗干扰设计原则,并以温度控制仪印制电路板设计为例,介绍了印制电路板设计的过程和方法。

电子产品装配与调试部分以温度控制仪为载体,以温度控制仪装配与调试工作过程为导向,介绍了电子产品装配工艺的要求,硬件、软件调试方法。

电子产品技术文件的撰写部分通过如何编写温度控制仪的技术文件,介绍了设计文件的格式和填写方法、工艺文件的内容和填写方法。

本教材按项目组织内容,每个项目分项目描述、项目知识准备、项目实施和项目评价四部分,其中项目实施又分为项目实施示例和项目实现两部分。编写过程中注重了理论与实践相结合的原则,充分考虑岗位适应性问题,强调学以致用、学而能用,努力体现教学与实践零距离。同时,关注岗位专业知识的相对系统性,注重学生的职业道德素养与科学素养,考虑学生的可持续发展能力,以求达到高等职业教育的水准。

本教材由无锡职业技术学院蔡建军、谷永先任主编,无锡职业技术学院瞿惠琴、吴孔培和江苏省电子信息产品质量监督检验研究院张亚苇参与编写。具体编写分工如下:蔡建军编写导学和电子产品技术文件的撰写、电子产品装配与调试项目知识准备,谷永先编写项目1,瞿惠琴编写项目2,吴孔培编写项目3,张亚苇编写项目4。蔡建军审阅了全书并进行了统稿。

本教材承蒙常州信息职业技术学院陈必群教授主审,在审稿过程中,陈必群教授提出了许多宝贵的意见和建议;在教材大纲、样章以及各项目的编写与修改过程中,湖州职业技术学院崔立军副教授等热心地给予了很多帮助与指导,在此一并表示衷心的感谢。

在本教材编写和出版的过程中,得到了大连理工大学出版社职业教育出版中心的大力支持。在编写过程中,编者参阅和参考了大量的文献和资料,书中未能详尽罗列,在此也一并向原作者表示感谢。相关著作权人看到本教材后,请与出版社联系,出版社将按照相关法律的规定支付稿酬。

由于电子产品更新迅猛,设计技术随之发展也较快,加之编者水平、经验及资料所限,书中难免有错误与不当之处,敬请读者批评指正。

编 者

所有意见和建议请发往:dutpgz@163.com

欢迎访问职教数字化服务平台:https://www.dutp.cn/sve

联系电话:0411-84707492　84706671

目　录

导　学

0.1　电子产品设计与制作的特点和步骤

电子产品的设计与制作就是根据课题的要求,以电子技术理论为依据,以相关专业知识为基础,创新构思,制订完成技术指标的可行性方案,是以生产设备为依托,以生产工艺和技能为基础,制造电子产品的过程。

1.电子产品设计与制作的特点

进行电子产品设计,要掌握电子专业知识、了解国家法律法规的相关规定、对国内外市场相关产品进行分析,对外形、安全使用、可靠性和实用性等各方面都应有详细的了解。

(1)按要求设计

任何电子产品都是按技术指标要求来设计的。技术指标可以是客户提出的,也可以是设计者根据实际应用情况归纳总结出来的。不管技术指标是何来源,电子产品都要按需设计,设计和制作完成的电子产品必须达到该要求。否则,制造出来的电子产品就失去了使用价值。

(2)按条件制造

任何电子产品在完成其设计阶段之后都要投入生产制造,不生产制造,就产生不了价值,研制也就失去了意义。产品要顺利地生产制造,必须符合生产条件的要求,否则,不可能生产出优质的产品,甚至根本无法投入生产制造。

2.电子产品设计与制作的程序

电子产品的设计与制作程序包括调研、方案论证、初步设计、技术设计、试制与试验、设计定型六个阶段。

(1)调研

新产品可行性分析必须对产品的社会需求、市场占有率、技术现状、发展趋势及资源效益五个重要方面进行分析论证及科学预测。调研内容包括国内外市场需求、重要客户质量要求、国内同类产品市场中占有率占前三名的产品质量、价格及使用情况、国内外有关技术文献和专利,等等。

(2)方案论证

拟定研究方案,提出专题研究课题,明确主要技术要求,对各专题研究课题进行理论分析、计算,探讨解决问题的途径,找出关键技术问题,成立技术攻关小组,解决技术难点,确定设计方案。

(3)初步设计

按下达的设计任务书,确定研制产品的目的、要求及主要技术性能指标。进行理论计算和设计。根据理论计算和必要的试验合理分配参数,确定采用的工作原理、基本组成部分、主要的新材料以及结构和工艺上主要问题的解决方案。

（4）技术设计

根据用户的要求，依据总体方案确定的性能参数、尺寸，精确地对每一部件、零件进行设计，确定它们的结构、形状、尺寸、材料、强度等参数，形成制造、质量、使用、价格、维修以及批量生产等方面的方案。

（5）试制与试验

按照适用、可靠、用户满意、经济合理的质量标准进行样机制造和试验。对技术指标进行调整和分配，并考虑生产时的余量，确定产品设计工作图纸及技术条件；对结构设计进行工艺性审查，制订工艺方案，设计制造必要的工艺装置和专用设备；制造零件、部件、整件与样机。

（6）设计定型

编制产品设计工作图纸、工艺性审查报告、必要的工艺文件、标准化审查报告及产品的技术经济分析报告；拟定标准化综合要求；编制技术设计文件；试验关键工艺和新工艺，确定产品需要用到的原材料、协作配套件及外购件汇总表。

0.2 电子产品设计的内容与方法

1. 电子产品设计的要求

一个电子产品能否赢得市场，并得到广泛使用，一方面取决于产品是否有吸引顾客的外形，另一方面还取决于产品的质量，质量包括可靠性、安全性和实用性。因此，进行电子产品设计时，应按照顾客的需求，从外形、安全性、可靠性和实用性等方面进行设计。

（1）产品外形、体积和重量方面的要求

调查显示：顾客对电子产品的外形、体积和重量有着苛刻的要求，比如手提电脑，顾客大多要求外形美观、体积小、重量轻。因此，对设计制造而言，通过何种方式来保证外形美观、体积小、重量轻的产品的制造，具有非常重要的意义。

（2）安全性方面的要求

电子产品所处的工作环境多种多样，气候条件、机械作用力和电磁干扰是影响电子产品的主要因素。必须采取适当设计方法加以防范，将各种不良影响降低到最低限度，以保证电子产品稳定安全地工作。

①气候条件方面的要求

为了减少和防止温度、湿度、气压、盐雾、大气污染、灰尘砂粒及日照等的不良影响，设计和制作电子产品时要注意采取散热措施，限制设备工作时的温升，保证在最高工作温度条件下，设备内的元器件所承受的温度不超过其最高极限温度，并要求电子设备耐受高低温循环时的冷热冲击。要采取各种防护措施，防止潮湿、盐雾、大气污染等气候因素对电子设备内元器件及零部件的侵蚀和危害，延长其使用寿命。

②机械作用力方面的要求

电子产品在运输和使用时，会受到振动、冲击、离心加速度等机械作用，造成元器件损坏失效、电参数改变、结构件断裂、变形过大、金属件的疲劳等。为了防止机械作用对产品产生的不良影响，设计制作时要采取减振缓冲措施，确保产品内的电子元器件和机械零部件在受到外界强烈振动和冲击的条件下不致变形和损坏。要提高电子产品的耐冲击、耐振动能力,保证电子产品的可靠性。

③防止电磁干扰方面的要求

电子产品工作的周围空间充满了由于各种原因所产生的电磁波,这会造成各种干扰。电磁干扰的存在,会使产品输出噪声增大,工作不稳定,甚至完全不能工作。为了保证产品在电磁干扰的环境中能正常工作,设计制作时要求采取各种屏蔽措施,提高产品的电磁兼容能力。

(3)可靠性方面的要求

在产品设计中,要贯彻执行标准化、通用化、系统化的设计原则,积极采用国际先进技术标准来提高可靠性。具体方法为:

①根据电路性能的要求和工作环境条件选用合适的元器件,使用条件不得超过元器件电参数的额定值和相应的环境条件并应留有足够的余量。合理使用元器件,元器件的工作电压、电流不能超额使用,应按规范降额使用。尽量防止元器件受到电冲击,装配时应严格执行工艺规程,使元器件免受损伤。

②仔细分析比较同类元器件在品种、规格、型号和制造厂商之间的差异,择优选用,并注意统计、积累在使用和验收过程中元器件所表现出来的性能与可靠性方面的数据,作为以后选用的重要依据。

③合理设计电路,尽可能选用先进而成熟的电路,减少元器件的品种和数量,多用优选的和标准的元器件,少用可调元件。采用自动检测与保护电路。为便于排故与维修,在设计时可考虑布设适当的监测点。

④合理地进行结构设计,尽可能采用生产中较为成熟的结构形式,因其具有良好的散热、屏蔽及三防措施。防震结构也要牢靠,传动机构应灵活、方便、可靠,整机布局应合理,便于装配、调试和检修。

(4)实用性方面的要求

实用性好是指电子产品性能良好,操作、使用与维护方便。在设计时应"形式服从功能",遵循实用、合理、为消费者着想的原则。电子产品的操作、使用与维护性能如何,直接影响到产品被顾客接受的程度。

在设计电子产品时应为操作者创造良好的工作条件,保证产品安全可靠,操作简单,读数指示清晰,便于观察。电子产品提供给用户时,要提供使用说明书,说明电子产品存储、保管、运输、使用等条件,确保电子产品能够被正确、便捷的使用。电子产品使用后有可能需要维护和维修,设计电子产品时,应在结构工艺上保证维护和维修时的方便。

电子产品设计包括电子产品结构设计和电子产品电路设计,本书主要讲解电子产品电路设计。

2.电子产品设计的基本内容

电子产品设计的基本内容主要包括以下几个方面:

(1)拟定电路设计的技术条件(任务书)。

(2)选择电源的种类。

(3)确定负荷容量(功耗)。

(4)设计电路原理图。

(5)选择电子元器件,制定电子元器件明细表。

(6)画出执行元器件、控制部件及检测元器件总布局图、接线图、安装图。

(7)设计印制电路板、接线板等。

(8)编写设计说明书和使用说明书。

3.电路设计的基本方法

(1)借鉴设计法

设计者在接到设计任务或确定设计目标后,应结合产品,进行调查研究,选取可以借用或借鉴的实用电路。

(2)近似设计法

在电路设计过程中,由于元件受多方因素的影响,往往采取"定性分析、定量估算、试验调整"的方法,所以在设计初期,只需进行粗略计算,帮助近似确定电路参数的取值范围,参数的具体确定应借助于试验调整和计算机仿真来完成。

(3)功能分解、组合设计法

在电路设计中,经常将电子线路按功能划分为多个子模块,各模块参照各种具体电路进行设计,然后组合成系统进行统调。

4.电子产品设计步骤

(1)课题分析

根据技术指标的要求,弄清楚系统要求的功能,确定采用电路的基本形式,据此对课题的可行性做出估计和判断,确定课题的技术关键和拟解决的问题。

(2)总体方案的设计与选择

针对设计任务、要求和条件,查阅有关资料,广开思路,提出若干不同方案,然后仔细分析每个方案的可行性和优缺点,加以比较,从中选优,进行优化设计及可靠性设计。

选择方案应当注意针对关系到电路全局的问题,多提些不同的方案,有些关键部分,还要提出各种具体电路,根据设计要求进行分析比较,从而找出最优方案。既要考虑方案的可行性,还要考虑性能、可靠性、成本、功耗和体积等问题。在分析论证和设计过程中需要不断地改进和完善,但应尽量避免方案上的重大反复。

(3)单元电路的设计与选择

在确定总体方案、画出详细框图之后,便可进行单元电路的设计了。

①根据设计要求和总体方案的原理框图,确定对各单元电路的设计要求,必要时应拟定主要单元电路的性能指标。

②拟定出各单元电路的要求,检查无误后方可按一定顺序分别设计每一个单元电路。

③设计单元电路的结构形式。一般情况下,应查阅有关资料,从而找到适用的参考电路,也可将几个电路综合得出需要的电路。

④选择单元电路的元器件,根据设计要求,调整元件,估算参数。

(4)电子元器件的选用

为了确保产品质量,降低成本,电子元器件的选用是产品生产、制作的关键。如果选用不当会影响各项技术指标的实现,还会出现较多的废品、次品。元器件的选择原则:

①选择经实践证明质量稳定、可靠性高、有良好信誉的生产厂家的标准器件。

②元器件的技术性能、质量等级、使用条件等应满足电路设计的要求。

③在满足性能参数的情况下,应选用低功耗、低热阻、低损耗、高功率增益、高效益的元器件。

④国产元器件的优选。首先选择经过认证鉴定的符合国标的元器件,使用经过考验的符合要求的元器件。

⑤进口元器件的优选。应选择国外权威机构的 PPL(优选清单)、QPL(质量鉴定合格的元器件清单)中的元器件。

⑥优先选用集成电路,分立元器件依然不可替代。

(5)电路的参数计算

电路的分析计算应采取"定性分析、定量估算、试验调整"的原则。工程经验公式是考虑了各种主、客观因素的影响,并在长期的生产实践中总结出来的符合实际的、行之有效的计算公式,计算简单、方便、准确。

(6)总电路图的设计

总电路图是进行实验和印制电路板的主要依据,也是进行生产、调试、维修的依据,因此,画好一张总电路图非常重要。

(7)审图

①先从全局出发,检查总体方案是否合适,有无问题,再检查各单元电路的原理是否正确,电路形式是否合适。

②检查各单元电路之间的电平、时序等配合有无问题。

③检查电路中有无烦琐之处,是否可以简化。

④根据图中所标出的各种元器件的型号、参数等,验算能否达到指标要求,有无一定的余量。

⑤要特别指出元器件应工作在额定范围内,以免实验时损坏。

⑥解决发现的所有问题,并请人复查一遍。

(8)产品设计报告

产品开发设计制作完成之后,通常要求提供产品设计报告和样机。

0.3　电子产品设计工作岗位

1.岗位设置

每个企业电子产品设计工作岗位的设置大致相同,可分为电子产品主管工程师、硬件工程师、软件工程师、结构工程师和工艺设计师等。主管工程师对一个电子产品的整体负责,其他人员协助主管工程师完成相应的技术设计工作。

2.任职基本要求

(1)专业知识要求

一个电子产品设计人员通常为电子相关专业毕业,有三年以上的电子相关工作经验,有扎实的理论基础和技术工作经验,熟悉电子产品制造过程,熟悉企业产品结构、性能、机理、使用方法,精通数字电路、模拟电路设计开发,有单片机等微控制器设计开发能力,熟练掌握汇编语言、C 语言的应用等。

(2)专业技能要求

对一个电子产品设计人员专业技能的基本要求有:

①英语能力,企业一般要求英语四级以上。

②计算机使用能力,会使用常用办公软件。

③电子产品设计专用软件的使用能力,如 PROTEL、电路图仿真等软件的使用。

④仪器设备操作使用能力,会操作使用各类电子产品调测用仪器。

3.岗位基本职责

电子产品设计人员的工作职责主要表现在以下几方面:

①协助结构设计工程师完成整机产品的设计开发。

②对已定型的产品,负责或参与对其进行生产技术服务和技术的改进工作。

③对于新产品,负责或参与方案论证,设计方案规划工作。

④负责或参与产品电路设计、开发、样品制作、实验测试、样机评审等工作。

⑤负责或参与产品电路原理图、BOM、PCB 板图设计,制定关键元器件的检验标准,负责或参与生产工艺指导(测试)等工作。

⑥贯彻公司相应的管理体系,优化生产工艺,提高生产质量和产品合格率,降低生产成本。

⑦负责或参与车间生产中的产品及售后产品质量问题的分析工作。

⑧负责或参与对车间生产维修员工进行维修指导和培训工作。

⑨负责或参与技术资料的收集、汇总、归档。

0.4 电子产品设计与制作课程学习

本课程是应用电子专业的专业核心课程。它是使学生熟悉电子产品设计与制作过程,突出培养学生简易电子产品设计与制作技能应用的一门工学结合的课程。学习完本门课程,学生可直接进入顶岗实习阶段,在电子产品设计与制造企业中从事电子产品设计、项目开发、制造、工程与管理等工作。本课程在应用电子专业中电子产品设计与制造方向的职业能力培养方面起到支撑作用。

1.学习目的

根据电子产品设计与制作岗位职业能力要求,以电子钟、电子秤、温度采集仪为载体,采用教、学、做一体的教学方法,把课程的知识和技能融合于项目的载体中。通过教师课堂知识传授、学生学习和项目训练,使学生具有了解电子产品设计与制作的基本理论知识,熟悉电子产品设计与制作的新方法,掌握仪器设备和设计软件的使用等能力,塑造学生严谨的工作态度和较强的职业素养,培养其团队协作及沟通的意识,为学生走向工作岗位奠定基础。

2.学习内容

电子产品设计与制作课程的主要学习内容包括电子产品整体设计、电子产品印制板设计、电子产品装配与调试、技术资料撰写四部分。在电子产品整体设计中主要学习电子产品整体设计的一般流程、分电路设计的要求、一般流程和分电路设计的注意事项。电子产品印制板设计主要学习印制板设计的工艺要求以及印制板设计的步骤。电子产品装配与调试主要学习电子产品制造和制作工艺。技术资料撰写主要学习技术文件的种类、格式以及填写方法。

项目 1 电子产品电路设计

1.1 项目描述

1.1.1 项目说明

一个电子产品的电路设计是从技术指标要求分析开始的。首先进行技术要求的分析,制定和确定总体方案,然后进行模块化电路设计,确定元器件及其参数,最后再进行软件的设计。本项目以温度控制器、气象要素采集仪为例,讲述电子产品电路设计方法和设计过程,学生通过学习,熟悉电子产品从技术指标分析、总电路规划,到分电路硬件设计、软件设计的过程,掌握电子产品电路设计方法和设计步骤,自己进行家用电子秤的硬件设计和软件设计。

1.1.2 项目目标

1. 知识目标

(1)了解不同特性电子产品电路设计的特点;

(2)掌握常用元器件的选用方法;

(3)掌握设计电子产品电路的方法;

(4)熟悉常用单元电路的组成和指标计算;

(5)了解电子产品的软件设计方法。

2. 技能目标

(1)会根据技术要求制定总体方案;

(2)会进行模块电路设计和参数设计,并根据参数选择元器件;

(3)能正确编写软件框图;

(4)能正确编写程序,编译程序。

1.2 项目知识准备

1.2.1 电子产品电路设计的方法

1. 电子产品电路设计要求分析

电子产品必须要按有关标准进行设计,不同的国家和地区有不同的标准。在设计产品前要弄清楚所设计的产品将运往什么地方,这些产品将在什么样的环境中工作。因此,应用在我国的电子产品,必须按照中华人民共和国电子行业标准进行设计。同时在设计电路时不单要考虑电路的正确与否,还要考虑产品的安全性能和可制造性。

一个电子产品无论在哪里投入使用,对使用者和设计者而言,安全都是第一位的。设计者必须保证在正常工作条件下,电子产品和设备不得对使用人员以及周围的环境造成危险;在单一的故障条件下,电子产品和设备也不得对使用人员以及周围的环境造成危险;在预期的各种环境应力条件下,电子产品和设备不应由于受外界影响而变得不安全。

一个好的电子产品设计,不仅要符合电子产品技术指标要求,还要满足生产工艺、设备条件以及生产成本的要求。技术指标也是衡量一个设计好坏的重要条件,所以在设计过程中必须全面考虑整个系统中电子产品的技术指标以及相互匹配的条件。设计时必须考虑设计的结果是否能满足给定的电磁兼容条件,以确保系统正常工作。生产工艺是电子产品设计者应当考虑的一个重要问题,无论是批量产品还是样品,生产工艺对于电路的制作和调试都是相当重要的环节。从设备方面考虑,要求电子产品设计者在设计电路时必须考虑调试的问题,如果一个电子产品不易调试或调试点过多,将对设备提出更高的要求。在满足功能要求的情况下,从成本上来分析,简单的电路对系统来说无疑是既经济又可靠的,好的设计必须要在完全满足设计要求的功能特性的同时,具有最低的成本。

2.电子产品电路设计流程

一个完整的电子产品从电路原理上看,都是由若干个单元电路组成的。在进行电子产品电路设计时,一般首先要确定这些单元电路的相互关系,即电路整体结构设计。一个电子产品的总体方案结构,要根据电子产品所需完成的任务、目标,以及电子产品使用的要求和条件,用若干个具有一定功能的单元电路,以一定的结构方式相互连接构成一个整体,从而来实现要求的功能和特定的性能指标。总体方案结构设计包含硬件和软件的总体结构设计。设计总体方案时一般需提出若干种不同方案,然后加以比较,择优选用。

电子产品系统的种类有很多,从总体上可以分为模拟产品系统、数字产品系统和模数产品混合系统三大类。

(1)以模拟电路为核心的电子产品设计流程

以模拟电路为核心的电子产品设计流程如图1-1所示。由于模拟电路种类较多,设计步骤将有所差异,因此图中所列各环节往往需要交叉进行,甚至会出现多次反复。

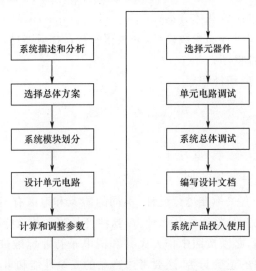

图1-1 以模拟电路为核心的电子产品设计流程

①系统描述和分析

设计一个电子产品前,通常都会提出系统功能要求和性能指标要求,这些要求是电子产品电路设计的基本出发点。设计人员必须先对这些要求进行分析,整理出系统和具体电路设计所需的更具体、更详细的功能要求和性能指标数据,这些数据才是进行电子电路系统设计的原始依据。

②选择总体方案

针对所设计的任务、要求和条件,根据所掌握的知识和资料,从全局出发,明确总体功能和各部分功能,并画出一个能表示各单元功能和总体工作原理框图的过程,称为拟定总体方案。符合要求的总体方案通常不止一个,设计者需要通过论证,仔细分析比较每个方案的可行性和优缺点,并从设计的合理性、技术的先进性、可靠性、经济性等方面选出最佳方案。

③系统模块划分

总体方案明确后,应根据总体方案确定系统各部分的接口参数,详细拟定出各部分电路的性能指标,包括电源电压、工作频率、灵敏度、输入/输出阻抗、输出功率、失真度、波形显示方式等。如果某个部分的电路规模仍比较大,可以进一步划分。划分后的各部分规模大小应合适,便于进行单元电路设计。

④设计单元电路

根据模块划分时确定的各单元电路的功能和性能指标,查找有关资料,尽可能采用现成的电路,或在功能较接近的电路基础上进行适当改进或进行创造性设计。不论采用现成电路或自行设计单元电路,都应注意各单元电路间的配合问题,还需注意局部电路对全系统的影响,要考虑是否易于实现,是否易于检测,以及性能价格比等问题。在设计过程中,尽量使各单元电路采用统一的供电电源,以免造成总体电路复杂,可靠性和经济性降低。

⑤计算和调整参数

计算和调整参数是电路设计的关键步骤,电路参数计算和调整的目的是确定元器件的参数要求。计算和调整参数一般要求设计者能够深刻地理解电路工作原理,正确地运用计算公式和计算方法。

⑥选择元器件

根据所设计的电路中元器件的参数要求,选择电阻、电位器、电容、电感、集成电路等元器件。所用元器件不仅应在功能、特性等方面满足设计方案的要求,而且应考虑到元器件的封装方式等是否符合生产工艺要求。

⑦单元电路调试

在调试单元电路时应明确本部分的调试要求,按调试要求测试性能指标并观察波形。调试时一般按信号的流向进行,即把前面调试过的输出信号作为后一级的输入信号。单元电路的调试一般分静态调试和动态调试,空载调试和带载调试。调试的目的是对电路进行调整、排除故障,以便电路达到技术指标要求。

⑧系统总体调试

系统总体调试应观察各单元电路连接后各级之间的信号关系。主要观察动态结果,检查电路的性能和参数,分析测量数据和波形是否符合设计要求,对发现的故障和问题及时采取处理措施。

系统总体调试时，先调试基本指标，后调试影响质量的指标，先调试独立环节，后调试有影响的环节，直到满足系统的各项技术指标为止。

⑨编写设计文档

设计文档的具体内容和设计步骤是相对应的，即包括系统任务和分析；方案选择与可行性论证；单元电路的设计、参数计算和元器件选择；参考资料目录、总报告等等。总结报告是在组装与调试结束之后开始撰写的，是整个设计工作的总结，其内容应包括设计工作的进程记录；原始设计修改部分的说明；实际电路图、实物布置图、实用程序清单等；功能与指标测试结果(包括使用的测试仪器型号与规格)；系统的操作使用说明；存在的问题及改进意见等。撰写设计文档的语句应当条理分明、简洁、明白；设计文档所用单位、符号以及设计文档的图纸均应符合国家标准。

(2)以数字集成电路为核心的电子产品设计流程

以数字集成电路为核心的电子产品设计流程如图1-2所示。

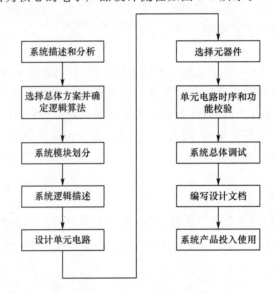

图1-2　以数字集成电路为核心的电子产品设计流程

①系统描述和分析

以数字集成电路为核心的电子产品设计一般以逻辑关系进行描述，常用的描述方式有自然语言、逻辑流程图、时序图或几种方法的组合。当电路系统较大或逻辑关系复杂时，系统描述和分析也变得比较复杂。因此，分析系统的任务时必须仔细、全面，不能有偏差和疏漏。

②选择总体方案并确定逻辑算法

一个数字系统的逻辑运算往往有很多种，设计者的任务不仅是找出各种算法，还必须做出比较，从中确定最合理的一种总体方案，并确定逻辑算法。数字逻辑算法是逻辑设计的基础，算法不同，则电路系统的结构也不同，算法的合理与否直接影响着系统结构的合理性。

③系统模块划分

当算法明确后,应根据算法构造系统的硬件框架。同模拟电路设计一样,先将系统划分为若干部分,各部分分别承担算法中不同的逻辑操作功能。如果某一部分的规模太大,则需进一步划分。划分后的各部分应逻辑功能清楚,规模大小合适,便于进行单元电路的设计。

④系统逻辑描述

当各模块的逻辑功能及结构确定后,可进行系统的逻辑功能描述。对系统的逻辑功能描述可先采用较粗略的逻辑流程图,再将逻辑流程图逐步细化为详细逻辑流程图,最后将详细逻辑流程图表示成与硬件有对应关系的形式,为下一步的单元电路设计提供依据。

⑤设计单元电路和选择元器件

对于以数字集成电路为核心的电子产品电路来说,设计单元电路就是按照逻辑和算法要求,选择合理的元器件和连接关系,以实现系统各单元电路的功能。

⑥单元电路时序和功能校验

单元电路设计完成后必须验证其设计是否正确。验证的方法主要有两种,一种是搭接硬件电路验证设计,另一种是采用数字电路设计的 EDA 软件仿真。第二种方法比较简单,容易实施,可极大的提高电路设计的效率。

⑦系统总体调试

将单元电路组合在一起,进行系统级调试。调试时主要观察时序和逻辑功能是否满足设计要求,其他方面和模拟产品系统调试类似。

(3)以 MPU 和 MCU 为核心的电子产品设计流程

以微处理器(MPU)和微控制器(MCU)为核心的电子产品,通常也称为嵌入式产品,它具有结构简单、修改方便、通用性强的突出优点,适合于系统比较复杂、时序状态比较多的应用场合。其设计流程主要包括:

①确定任务,完成总体设计

确定系统功能指标,编写设计任务书;确定系统实现的硬件、软件子系统划分,分别画出硬件、软件子系统的方框图。

②硬件、软件设计和调试

按模块进行硬件和软件设计,力求标准化、模块化,可靠性高、抗干扰能力强;选择合适类型的 MPU 和 MCU,应特别注意 MPU 和 MCU 的位宽是 8 位、16 位还是 32 位,以便选择相应的外围接口器件。当然,还要有开发系统和测试仪器,以便进行硬件、软件的调试。

③系统调试、性能测定

将调试好的硬件、软件装配到系统样机中去,进行整机总体联调。若有问题,则还需回到上一步重新检查。在排除硬件、软件故障后,可进行系统的性能指标测试。

1.2.2 常用单元电路介绍

1.信号产生电路

在各种电子设计制作过程中,往往需要用信号发生器来产生各种不同波形的信号,如矩形波、正弦波、三角波、单脉冲波等。简单的信号发生器通常是利用运算放大器或专用模拟集成电路,配以少量的外接元器件构成的。

由模拟集成电路构成的正弦波发生器通常由工作于线性状态的运算放大器和外接移相选频网络构成,其工作频率多在 1 MHz 以下。例如,设计一个矩形波—三角波—正弦波函数发生器,要求如下:频率范围:$1\sim 10$ Hz,$10\sim 100$ Hz;输出电压:矩形波 $V_{P\_P}\leqslant 24$ V、三角波 $V_{P\_P}=8$ V、正弦波 $V_{P\_P}>1$ V;波形特性:矩形波 $t_r<100$ μs、三角波非线性失真系数 $\gamma_\triangle<26\%$、正弦波非线性失真系数 $\gamma_\sim<5\%$。

(1)矩形波产生电路

矩形波产生电路是一种能够直接产生矩形波的非正弦信号发生电路。由于矩形波包含极丰富的谐波,因此,这种电路又称为多谐振荡器。

①由运放组成的矩形波产生电路

由运放组成的矩形波产生电路如图 1-3 所示,图中参数 R_1、R_2、R_3、R_4、R_P 可根据具体应用的情况调整,而振荡频率取决于 R、C 的大小,频率计算公式为 $f=\dfrac{1}{1.39RC}$。

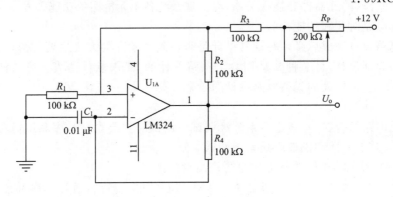

图 1-3 由运放 LM324 组成的矩形波产生电路

②555 电路组成的矩形波产生电路

555 电路组成的矩形波产生电路如图 1-4 所示。电路特点:充放电电路分开。充电路径:$t_{w1}=R_{2a}C\ln 2$,放电路径:$t_{w2}=R_{2b}C\ln 2$。占空比:$q=t_{w1}/(t_{w1}+t_{w2})=(R_1+R_{2a})/(R_1+R_2+R_{2a}+R_{2b})$,通过调节 R_2 来调节占空比。

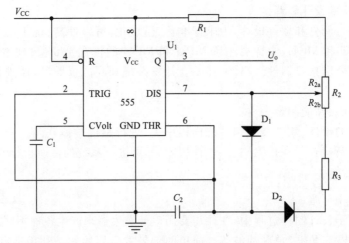

图 1-4 555 电路组成的矩形波产生电路

（2）正弦波产生电路

如图 1-5 所示，电路是一个 T 形 RC 振荡器，电路中 $C_1=C_2=C$，振荡频率为 $f_0 = 1/2\pi R_m C$，其中 $R_m=(R_1+R_2)/2$。为减小失真，Q 值不大于 5，正反馈系数为 $F=R_3/(R_3+R_4)$。

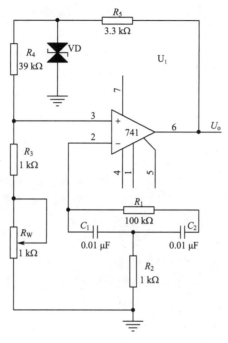

图 1-5　T 形 RC 振荡器

（3）三角波产生电路

图 1-6 所示电路能自动产生方波-三角波信号。其中运算放大器 IC_1 与 R_1、R_2 及 R_3、R_{P1} 组成一个迟滞比较器，C_1 为翻转加速电容。迟滞比较器的 V_i（被比较信号）取自积分器的输出，通过 R_1 接运放的同相输入端，R_1 称为平衡电阻；迟滞比较器的 VR（参考信号）接地，通过 R_2 接运放的反相输入端。迟滞比较器输出的 V_{o1} 高电平等于正电源电压 $+V_{CC}$，低电平等于负电源电压 $-V_{EE}$（$|+V_{CC}|=|-V_{EE}|$）。当 $V_+\leqslant V_-$ 时，输出 V_{o1} 从高电平 $+V_{CC}$ 翻转到低电平 $-V_{EE}$；当 $V_+>V_-$ 时，输出 V_{o1} 从低电平 $-V_{EE}$ 跳到高电平 $+V_{CC}$。

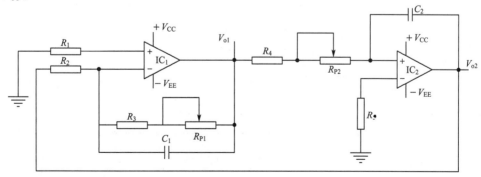

图 1-6　三角波产生电路

通过计算可得,三角波的幅值为:

$$V_{o2m} = \frac{R_2}{R_3 + R_{P1}} V_{CC}$$

三角波的频率为:

$$f = (R_3 + R_{P1})/4(R_4 + R_{P2})R_2 C_2$$

在本电路中使用电位器 R_{P2} 调整方波-三角波的输出频率时,不会影响输出波形的幅度。若要求输出信号频率范围较宽,可用 C_2 改变频率的范围,用 R_{P2} 实现频率微调。方波的输出幅度应等于电源电压 V_{CC},三角波的输出幅度应不超过电源电压 V_{CC},电位器 R_{P1} 可实现幅度微调,但会影响方波-三角波的频率。在实际设计中,IC_1 和 IC_2 可选择双运算放大集成电路 LM741(也可以选其他合适的运放)采用双电源供电,$+V_{CC} = 12$ V,$-V_{EE} = -12$ V。

当 1 Hz$\leqslant f < 10$ Hz 时,取 $C_2 = 10$ pF,则 $R_4 + R_5 = 7.5 \sim 75$ kΩ,选择 $R_4 = 4.7$ kΩ,R_{P2} 为 100 kΩ 的电位器。当 10 Hz$< f \leqslant 100$ Hz 时,取 $C_2 = 1$ μF 以实现频率波段的转换(实际电路当中需要用波段开关进行转换),R_4 及 R_{P2} 的取值不变。平衡电阻 $R_5 = 10$ kΩ。C_1 为加速电容,可选择电容值为 100 pF 的瓷片电容。

(4)多种信号发生器

①由 555 定时器构成的多种信号发生器

该信号发生器电路简单、成本低廉、调整方便。555 定时器接成多谐振荡器工作形式,C_2 为定时电容,C_2 的充电回路是 $R_2 \rightarrow R_3 \rightarrow R_P \rightarrow C_2$;$C_2$ 的放电回路是 $C_2 \rightarrow R_P \rightarrow R_3 \rightarrow$ IC 的 7 脚(放电管)。由于充放电都经过 R_3、R_P、C_2,所以充电时间常数与放电时间常数近似相等,IC 的 3 脚输出的是近似对称方波。

按图 1-7 所示元件参数计算,其频率为 1 kHz 左右,调节电位器 R_P 可改变振荡器的频率。方波信号经 R_4、C_5 积分网络后,输出三角波。三角波再经 R_5、C_6 积分网络,输出近似的正弦波。C_1 是电源滤波电容。发光二极管 VD 用作电源指示。

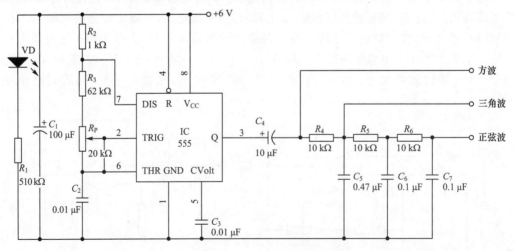

图 1-7 由 555 定时器构成的多种信号发生器

②由集成电路芯片 8038 构成的函数发生器

如图 1-8 所示为采用集成电路芯片 8038 构成的函数发生器,可同时获得方波、三角波和正弦波。

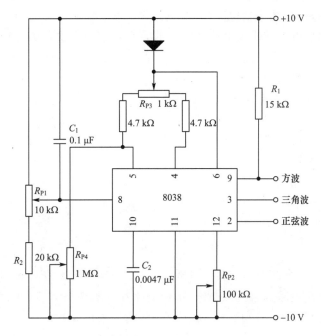

图 1-8　由集成电路芯片 8038 构成的函数发生器

三角波通过电容恒流放电而直接形成;方波由控制信号获得;正弦波由三角波通过折线近似电路获得,通过这种方式获得的正弦波不是平滑曲线,其失真率为 1‰ 左右,可满足一般用途的需要。电路中的电位器 R_{P1} 用于调整频率,调整范围为 20 Hz 到 20 kHz,R_{P2} 用于调整波形的失真率,R_{P3} 用于调整波形的占空比。

2.信号调理电路设计

信号调理电路的任务是将前置电路输出的电信号进行转换,使之成为满足计算机、单片机或 A/D 输入要求的标准电信号。因此,它除了重点涉及小信号放大、变频、整形等调理电路外,还涉及线性化处理、温度补偿、量程切换等多种信号调节电路。

(1)小信号放大电路

为了满足小信号在各种状况下的放大调节,可选用运算放大器及各种形式的测量放大器、可编程增益放大器等构成信号放大电路。

①反相比例放大器:反相比例放大器的电路形式如图 1-9 所示。

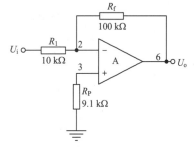

图 1-9　反相比例放大器

这种电路的优点是电压增益 A_U 取决于 R_f/R_1,控制起来比较简单;输出电阻趋近于 0,具有较强的带负载能力;缺点是输入阻抗相对较低。为了使该电路的输入电阻不至于过低,R_1 应选择几十千欧至几百千欧数量级。

电路中的电阻 R_P 为平衡电阻,为了提高放大器的共模抑制比,其值应为 $R_f /\!/ R_1$。

②同相比例放大器:同相比例放大器的电路形式如图 1-10 所示。

这种电路的优点是电压增益 A_U 也基本取决于 R_f/R_1,输出电阻趋近于 0,具有较强的带负载能力,输入电阻近似等于集成运算放大器的输入电阻,一般都在几十兆欧至几百兆欧。电路中的电阻 R_P 为平衡电阻,其值应为 $R_f /\!/ R_1$。

这种电路的输出电压与输入电压是同相的。它在系统中常作为缓冲放大器,在许多场合,缓冲放大器并不是用来提供增益的,而是主要用于阻抗变换或电流放大。在理想情况下,有 $A_U=1,U_o=U_i,R_i\approx\infty,R_o\approx0$。

③差动输入放大器:差动输入放大器电路如图 1-11 所示。

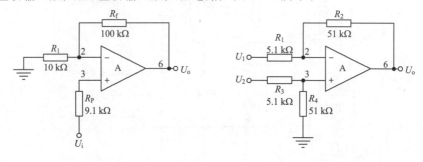

图 1-10 同相比例放大器   图 1-11 差动输入放大器

为了尽可能提高电路的共模抑制比,这种电路在参数选择时通常选择 $R_1=R_3,R_2=R_4$。这种电路具有便于调整增益,输入阻抗高,共模抑制比高等优点,在电子系统中应用非常广泛,特别适合于平衡电压信号的放大。为了提高其差模输入电阻,$R_1=R_3$ 的阻值一般选择在数千欧至数十千欧范围。

④测量放大电路

测量放大电路具有共模抑制比很大、输入电阻极高,放大倍数能在大范围内可调,且误差小、稳定性好等特点,能够精确地放大一些微弱的差值信号,在精密测量和控制系统中有广泛的应用,因此,又称为精密放大电路或仪用放大电路。典型测量放大电路如图 1-12 所示,图中所有电阻均采用精密电阻。

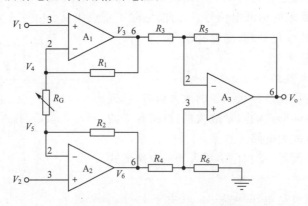

图 1-12 典型测量放大电路

如图 1-12 所示,该测量放大电路是由三个运算放大器组成的测量放大电路,两个对称的同相放大器 A_1、A_2 构成第一级,差动放大器 A_3 构成第二级。为提高电路的抗共模干扰能力和抑制漂移的影响,应使电路上下对称,即取 $R_1=R_2$、$R_3=R_4$、$R_5=R_6$。若 A_1、A_2、A_3 都是理想运放,则 $V_1=V_4$、$V_2=V_5$,故整个放大器的闭环放大倍数:

$$A_f = \frac{V_o}{V_1-V_2} = -\left(1+\frac{2R_1}{R_G}\right)\frac{R_5}{R_4}$$

调节 R_G 可方便地改变放大倍数,且 R_G 接在运放 A_1、A_2 的反相输入端之间,它的阻值的改变不会影响电路的对称性。

(2)用集成测量放大器构成的信号放大电路

集成测量放大器具有性能优异、体积小等优点,因此,它是智能检测系统前向通道中小信号放大的首选器件。目前,市场上有很多单片集成测量放大器可供选择,这里只介绍几种常用的单片集成测量放大器及其应用方法。

①集成测量放大器 INA102 构成的信号放大电路

INA102 是 B-B 公司推出的低功率、高精度测量放大器,其片内电阻具有良好的温度特性,先进的激光微调技术保证了它的高增益精度和高共模抑制比,因此,它特别适合于要求静态功耗低的前置放大应用场合。INA102 的基本应用电路接法如图 1-13 所示。增益可通过控制引脚 2～7 来选择。当要求非整数十进制数增益时,可外接电阻来选择,此时的增益 $A=1+(40\text{ k}\Omega/R_G)$。增益选择的连接方法如表 1-1 所示。比如:需要增益在 1～10 变化时,外接电阻 R_G 接在 2 脚与 6 脚之间。

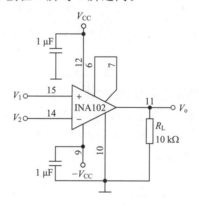

图 1-13　INA102 基本应用电路

表 1-1　　　　　　　　　　　增益选择连接方法表

增益	引脚连接方法	非整数十进制数增益的计算
×1	6～7	
×1～10	6～R_G～2	
×10	2～6～7	
×10～100	6～R_G～3	$A=1+(40\text{ k}\Omega/R_G)$
×100	3～6～7	
×100～1000	6～R_G～4	
×1000	4～7;5～6	

为了提高精度,有时需要将输入偏移电压或输出偏移电压或两种电压调零。所用调零电位器的质量直接影响调节效果,因此,应选用温度特性好、机械阻尼稳定的电位器。偏移电压调零只会影响偏移电压的输入级分量,零状态会随增益而变。另外,输入偏移电

压每微调 100 μV,输入漂移就改变 0.31 μV/℃。因此,在使用控制方式取消其他偏移电压时应特别注意。

②集成测量放大器 AD521/AD522 构成的信号放大电路

AD521/AD522 为标准的 14 脚 DIP 封装,各引脚的功能及其基本连接方法分别如图 1-14、图 1-15 所示。

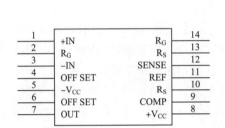

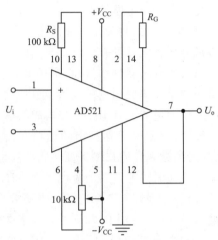

图 1-14 AD521/522 引脚功能图   图 1-15 AD521/522 基本连接图

测量放大器 AD521 的电压增益由用户外接精密电阻决定。其电压增益为:

$$A_V = \frac{U_o}{U_i} = \frac{R_S}{R_G}$$

选用 $R_S = 100\ k\Omega$ 的金属膜电阻时,电压增益可在 1~1000 内进行调整。引脚 4、5、6 之间的电位器用来调节放大器的零点。在使用 AD521(或任何其他测量放大器)时,要特别注意为偏置电流提供回路。因此,输入端(1 脚或 3 脚)必须与电源的地线构成回路,可以直接接地,也可以通过电阻接地。

3.有源滤波电路

由运算放大器和阻容元件组成的有源滤波器具有许多独特的优点,运算放大器的增益和输入电阻高、输出电阻低,能提供一定的信号增益和缓冲作用;不用电感元件,减免了电感的非线性特性、损耗、体积和重量过大等缺点。

根据滤波器的选频作用,一般将滤波器分为四类,即低通(LPF)、高通(HPF)、带通(BPF)和带阻(BEF)滤波器。

如图 1-16 所示电路由三个运算放大器和阻容元件组成,可以获得高通、低通和带通三种滤波特性。该电路结构简单,工作稳定。高通、低通、带通电路分别由三个运放的输出端输出。

当输入信号从反相端输入时,高通和低通的截止频率以及带通的中心频率均为

$$\omega_c = 1/R_f C_f$$

4.信号变换电路

(1)电压-频率、频率-电压变换电路

电压-频率变换电路(VFC)能把输入电压信号变换成相应的频率信号,即它的输出信

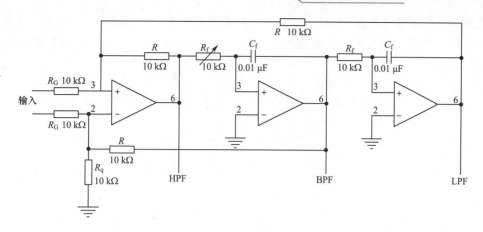

图 1-16 有源滤波电路

号频率与输入信号的电压值成正比。VFC 广泛地应用于调频、调相、模数变换（A/D）、数字电压表、数据测量仪器及远距离遥测遥控设备中。由通用模拟集成电路组成的 VFC 电路，尤其是专用模拟集成电压频率转换器，其性能稳定、灵敏度高、非线性误差小。

模拟集成电压-频率、频率-电压转换器，具有精度高、线性度高、温度系数低、功耗低、动态范围宽等一系列优点，目前已广泛地应用于数据采集、自动控制和数字化及智能化测量仪器中。

如图 1-17 所示，电路采用多谐振荡器 CA3130，产生恒定幅度和宽度的脉冲。输出电压经积分电路（R_3、C_2）加到比较器的同相输入端，比较器输出经 R_4、VD_4 反馈至 A_1 的反相输入端。输入电压范围在 0～10 V，输出频率在 0～10 kHz，转换灵敏度为 1 kHz/V。

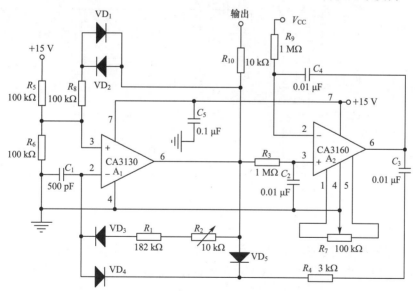

图 1-17 电压-频率变换电路

如图 1-18 所示电路中，施密特反相器 CC40106 的 U_{SS} 端接至运算放大器的"虚地"端。输入为低电平时，反相器输出为高电平，对 C_1 充电；输入为高电平时，C_1 放电。在一个周期内平均放电电流为 $I=Q/T=U_{DD}C_1f$，输出电压 $U_o=-IR=-U_{DD}RC_1$，其中，f 为输入信号频率，U_{DD} 为偏置电源电压，$R=R_0+R_P$，电容 C_2、C_3 有抑制开关尖峰，起平滑滤波的作用。

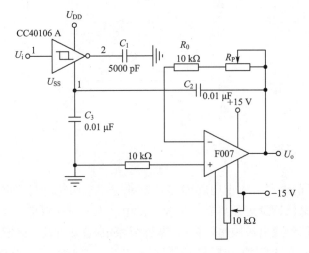

图 1-18 频率-电压变换电路

（2）电流-电压、电压-电流转换电路

如图 1-19 所示的电路为将微小电流转换成电压的转换器，图中的参数可以将 5 pA 的电流转换成 5 V 的电压输出。若将图中的有关电阻减小，则可以将毫安级的电流转换成伏级电压。

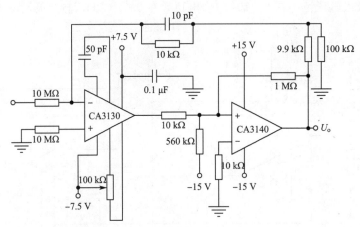

图 1-19 电流-电压转换电路

电压-电流转换器可将输入的电压信号变换为相应的电流信号。如图 1-20 所示为电压-电流转换电路。运放 A_1 为反相比例运算电路，将输入信号 $V_i=0\sim10$ V 的电压输出。运放 A_2 为电压-电流转换部分，将输入的电压信号转换为 $4\sim20$ mA 的电流经电阻 R_{11} 向外输出。

5．MCU 单片机芯片选择和电路设计

MCU 单片机作为计算机发展的一个重要分支领域，根据发展情况，从不同的角度，

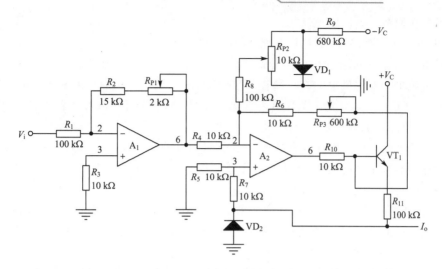

图 1-20 电压-电流转换电路

单片机大致可以分为通用型/专用型、总线型/非总线型。

通用型单片机就是把所有可开发的资源全部提供给用户使用,其适应性较强,应用范围较广。而专用型单片机是针对某些特定的场合或功能专门设计的芯片,其应用范围有一定的局限性,但它的指令执行时间短、运算速度快、精度高。总线型单片机普遍设置有并行地址总线、数据总线、控制总线,这些引脚用以扩展并行外围器件,另外,许多单片机已把所需要的外围器件及外设接口集成在一片内,因此在许多情况下可以不要并行扩展总线,大大减少封装成本且减小芯片体积,这类单片机称为非总线型单片机。

(1)常用单片机简介

①Atmel 公司的 AT89 系列单片机

美国 Atmel 将 Flash 存储器与 MCS-51 控制器相结合,开发生产了新型的 8 位单片机 AT89 系列单片机。AT89 系列单片机不但具有一般 MCS-51 单片机的所有特性,而且其 Flash 程序存储器可以用电擦除方式瞬间擦除、改写,写入单片机内的程序还可以进行加密。

Atmel 公司的 AT89 系列单片机主要有 AT89C51、AT89C2051 和 AT89C1051 等型号。其中,AT89C51 最为实用,它不但和 80C51 指令、引脚完全兼容,而且其片内含有 4 KB Flash型程序存储器,性价比远高于 8751。

AT89C2051 和 AT89C1051 算是 AT89C51 的精简版。AT89C2051 去掉了 P0 口和 P2 口,内部的 Flash 程序存储器也只有 2 KB,封装形式也由 40 脚改为 20 脚;AT89C1051 在 AT89C2051 的基础上,再次精简掉了串口等功能,程序存储器减小到 1 KB。

②Motorola 公司 M68HC08 系列单片机

Motorola 是世界上最大的单片机生产厂商。2000 年推出的 M68HC08 系列单片机,具有速度快、功能强、价格低、功耗低、指令系统丰富等特点。其重要特点之一是内部程序存储器采用成熟的 Flash 存储器技术。该单片机片内 Flash 的整体擦除时间可以控制在 5 ms 以内,对单字节的编程时间在 40 ns 以内。片内 Flash 的存储数据可以保持十年以上,可擦写次数在一万次以上。

一般的 Flash 存储器,要对其编程,需要提供高于正常工作电压的编程电压。但是,M68HC08 系列单片机通过在片内集成电荷泵,可由单一工作电压在片内产生编程电压。这样,可实现单一电源供电的在线编程。M68HC08 系列单片机的片内 Flash 支持在线编程(In-Circuit Program),允许单片机内部运行的程序去改写 Flash 存储器内容,这样可代替外部电可擦除存储器芯片,减少外围部件,增加嵌入式系统开发的方便性。

由于 Motorola 单片机在同样的速度下所用的时钟频率较 Intel 类单片机低得多,因而高频噪声低,抗干扰能力强,更适合应用于工控领域及恶劣的环境。

③其他系列单片机

Atmel 公司的 AVR 单片机,是增强型 RISC(精简指令集),内载 Flash 的单片机。由于采用增强的 RISC 结构,使其具有高速处理的能力,在一个时钟周期内可执行复杂的指令。

AVR 单片机工作电压为 2.7~6.0 V,可以实现耗电最优化。AVR 单片机广泛应用于计算机外部设备、工业实时控制、仪器仪表、通信设备、家用电器及宇航设备等各个领域。

MicroChip 公司的主要产品是 PIC16C 系列和 PIC17C 系列 8 位单片机,CPU 采用 RISC 结构,分别有 33、35、58 条指令,采用 Harvard 双总线结构,运行速度快,工作电压低,功耗低,有较大的输入/输出直接驱动能力,价格低,能一次性编程,体积小,适合于用量大、档次低、价格敏感的产品,在办公自动化设备、通信、智能仪器仪表、汽车电子、金融电子、工业控制等不同领域都有广泛的应用。PIC 系列单片机在世界单片机市场份额的排名逐年提高,发展非常迅速。

MSP430 系列单片机是美国德州仪器(TI)1996 年开始推向市场的一种 16 位超低功耗、具有精简指令集(RISC)的混合信号处理器(Mixed Signal Processor)。称之为混合信号处理器,是由于其可针对实际应用需求,将多个不同功能的模拟电路、数字电路模块和微处理器集成在一个芯片上,以提供"单片机"解决方案。

(2)MCU 单片机最小系统设计

MCU 单片机最小系统是指要使单片机运行工作起来所必需的硬件组成。要使单片机运行工作起来,必需的硬件组成有主控芯片、电源电路、时钟电路和复位电路等。时钟电路如图 1-21 所示。

AT89C51 单片机的电源电路工作电压范围为 4~5.5 V,所以通常给单片机外接5 V 直流电源。复位电路确定单片机工作的起始状态,完成单片机的启动过程。AT89C51 的复位信号是高电平有效,通过 RST(9 脚)输入。时钟电路是单片机工作的时间基准,决定单片机的工作速度。时钟电路就是振荡电路,向单片机提供一个正弦波信号作为基准,决定单片机的运行速度,AT89C51 单片机的时钟频率范围为 0~33 MHz。

6. A/D 转换器件选择和电路设计

A/D 转换就是要将模拟量 V(如 $V=5$ V)转换成数字量 D(如 $D=255$)。目前可供选择的 A/D 转换器品种繁多,按其转换原理可分为以下四种类型:计数式 A/D 转换器、双积分 A/D 转换器、逐次逼近型A/D 转换器和并行 A/D 转换器。

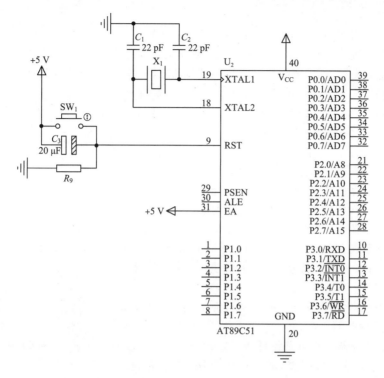

图 1-21　时钟电路

计数式 A/D 转换器结构简单,转换速度慢、很少采用。双积分 A/D 转换器转换精度高、抗干扰性强、价格便宜,但转换速度不理想,常用于数字式测量仪表。逐次逼近型A/D 转换器结构不太复杂,分辨率高,转换速度高,价格适中,被广泛采用为接口电路。并行 A/D 转换器速度快,但结构复杂,造价高,只用于需要极高转换速度的场合。

(1)A/D 转换器的主要技术指标

①分辨率(位数)

分辨率是指 A/D 转换器可转换成数字量的最小模拟电压值,它标志着 A/D 转换器对输入电压微小变化的响应能力。一个 n 位的 ADC,其分辨率等于最大允许模拟输入值(即满量程)除以 2^n。比如 ADC0809 的分辨率为 $5 \text{ V}/2^8 \approx 0.0195 \text{ V} \approx 20 \text{ mV}$,这是数字输出的最低位(LSB)所对应的输入电平值,或者说是相邻两个量化电平的差值。当模拟输入信号小于该值时,A/D 转换器不能进行转换,转换器无响应,输出的数字量为零。由于能够分辨的模拟量取决于二进制位数,所以我们也常用位数 n 来间接表示分辨率。

②转换时间

转换时间是指从输入转换启动信号开始到转换结束所需要的时间。它反映了 ADC 的转换速度。通常逐次逼近型 ADC 的转换时间一般在 μs 数量级。如 ADC0809 在工作频率为 640 kHz 时,其转换时间为 $100 \text{ } \mu s$。转换时间的倒数称为转换速率。

③量程

量程是指 ADC 所能够转换的模拟量输入电压范围。如 ADC0809 的量程为 $0 \sim +5 \text{ V}$。

④绝对精度

绝对精度是指 ADC 的输出端获得给定的数字输出时,所需要的实际模拟量输入值与理论模拟量输入值的差值。常用数字量的位数作为度量绝对精度的单位,如果给出的精度为 1/2LSB,它就表示 ADC 实际输出的数字量与理想输出之差不大于最低位的一半。

⑤相对精度

相对精度是指 ADC 进行满刻度校准以后,任意数字输出所对应的实际模拟输入值(中间值)与理论模拟输入值(中间值)之差。可用满量程时的相对误差百分比来表示,如 0.05%。对于线性 A/D 转换器来说,相对精度就是它的非线性度。

(2)A/D 转换器的选择原则

①根据应用系统中总的精度要求,选择 A/D 芯片的转换精度及分辨率。

②根据信号对象的变化率及转换精度的要求,确定所选 A/D 转换芯片的转换速度。

③根据环境条件,选择 A/D 转换芯片的环境参数要求,如工作温度等。

④根据计算机的接口特征,选择型号时要考虑 A/D 转换芯片的输出状态,例如,并行还是串行输出;二进制码还是 BCD 码输出;与计算机接口是否容易连接等。

⑤综合考虑所选 A/D 转换芯片的价格高低、求购的难易,是否流行等。

(3)A/D 转换器控制电路设计

由于 A/D 转换器件很多,本书仅以 ADC0809 为例来介绍 A/D 转换器控制电路设计。ADC0809 是一个具有 28 个引脚的 A/D 转换芯片,如图 1-22 所示是 ADC0809 的引脚图。ADC0809 的作用是将 8 路模拟量分时地转换成 8 位数字量。

ADC0809 各引脚功能主要为:IN0～IN7 为 8 路模拟量输入引脚用于分时的输入 8 路模拟量。所谓分时,是指

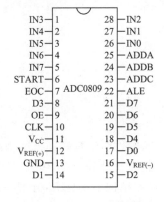

图 1-22　ADC0809 引脚图

在任一瞬时只允许输入一路模拟量,选择哪一路模拟量由地址选择线 ADDA、ADDB、ADDC 决定。ADDC、ADDB、ADDA 为 000、001…111 分别选中 IN0、IN1…IN7 模拟量输入端。ALE 为地址锁存允许信号线,高电平有效,即 ALE=1 锁存 ADDA、ADDB、ADDC 上地址信号,选中某路模拟量输入。START 为启动转换信号,START 信号的上升沿清零 ADC0809 内部数据寄存器,START 信号的下降沿启动,内部逻辑开始 A/D 转换。EOC 为转换结束信号,转换结束 EOC=1,EOC=0 表示转换未结束。OE 为允许输出控制信号,当 OE=1 时,表示将转换后的数字量从数据线引脚 D0～D7 输出。D0～D7 为数据总线,为三态缓冲输出形式,可以和单片机的数据线直接相连。CLK 为时钟,ADC0809 内部没有时钟信号,所需时钟信号 CLK 可由外部提供,通常使用 500 kHz 的时钟信号,可以由 AT89C51 的地址锁存信号 ALE 分频后产生。

ADC0809 与单片机的连接方式是多种多样的,本书仅介绍 I/O 端口直接控制和系统总线扩展两种方式。

①采用 I/O 端口直接控制方式

8 条数据线直接与单片机 P1 口相连。START 和 ALE 由 P0.0 引脚控制。OE 由 P0.1 引脚控制。EOC 由 P0.2 引脚控制。如图 1-23 所示。

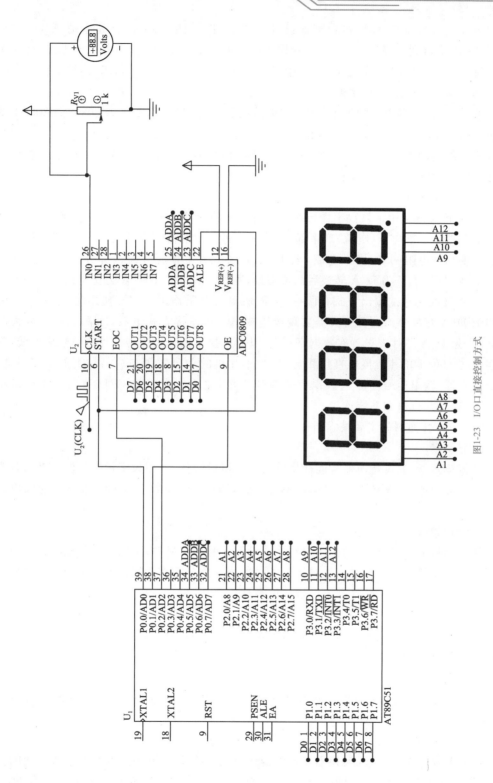

图1-23 I/O口直接控制方式

单片机与 A/D 转换器接口程序设计,主要有以下四个步骤:首先启动 A/D 转换,START 引脚得到下降沿信号;其次查询 EOC 引脚状态,EOC 引脚由 0 变 1,表示 A/D 转换过程结束;然后允许读数,将 OE 引脚设置为 1 状态;再读取 A/D 转换结果。

②采用系统总线扩展方式

通常 CPU 都有单独的地址总线、数据总线和控制总线,例如 Intel8086,而 80C51 系列单片机由于受到引脚的限制,数据线与地址线是复用的。为了将它们分离开来,必须在单片机外部增加地址锁存器,构成与一般 CPU 相类似的三总线结构。采用系统总线扩展方式控制 ADC0809 的电路,如图 1-24 所示。

7. D/A 转换电路

D/A 转换器是用来将数字量转换成为模拟量的器件。为了完成这种转换功能,D/A 转换器一般由基准电压(电流)产生部件、模拟二进制数的位切换开关、产生二进制权电流(电压)的精密电阻网络、提供电流(电压)相加输出的运算放大器四部分组成。若 D 为 D/A 转换数字量,V 为 D/A 转换后的模拟量,则:$V = R \times D$,其中 R 为比例系数。

D/A 转换芯片的输出方式有两种:电流输出与电压输出。实际使用时,常采用电流输出的 D/A 芯片外加运算放大器实现电压输出。从连接方式上看,D/A 芯片可分为两类,一类是 D/A 芯片内设置有数据寄存器,具有数据写入选通信号和片选信号输入线,它们可以与 80C51 单片机接口直接相连,作为单片机的 I/O 扩展口。另一类 D/A 芯片内没有锁存器,输出信号随输入数据变化而变化,因此不能直接与 CPU 数据总线接口相连,必须通过并行口和系统连接。

(1)D/A 转换器的主要技术指标

①分辨率

分辨率是指 D/A 转换器所能产生的最小模拟量增量,常用数字量的数位来表示分辨率。对于 n 位的 D/A 转换器,其分辨率为 $1/2^n$,即最低一位数字量 LSB 变化引起输出幅度的变化量。

②转换精度

用于衡量 D/A 转换器的数字量转换成模拟量时,所得模拟量的精确程度。它表明了实际模拟输出值与理想值之间的最大偏差。应当注意分辨率和转换精度是两个不同的概念,分辨率很高的 D/A 转换器不一定精度很高。

③线性度

D/A 转换器的实际转换特性(各数字输入所对应的各模拟输出值之间的连线)与理想的转换特性之间的误差。

④微分线性误差

该指标表明任意两个相邻的数字编码在输入 D/A 转换器时,输出模拟量之间的关系。

⑤温度灵敏度

该指标用于表明 D/A 转换器受温度变化影响的特性,它指的是在数字输入不变的情况下模拟输出信号随温度的变化而产生的增量,一般 D/A 转换量的温度灵敏度为 50 ppm/℃。即温度每变化 1 ℃,输出变化百万分之五十。

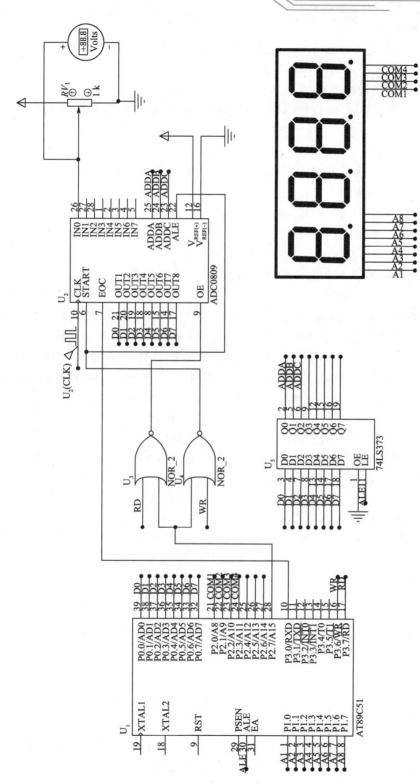

图1-24　系统总线扩展方式

⑥建立时间

该指标指的是输入数字量从 0 变到最大时,其模拟输出达到满刻度值的 1/2 时所需的时间,建立时间描述 D/A 转换器转换速度的快慢。

(2) D/A 转换器的选择原则

与 A/D 转换器一样,随着 D/A 转换技术的发展,目前所应用的 D/A 转换芯片也十分繁多,如何从众多的芯片中选出合适的芯片,主要还是从芯片的性能、结构和应用特性等几方面来考虑。

①在性能上必须满足 D/A 转换的技术要求,其中,所选芯片的转换精度和建立时间是需要考虑的两个主要技术指标。

②转换芯片的数字输入特性、输出特性、锁存特性及转换控制、参考源等对 D/A 转换接口电路的设计影响较大,所以在芯片的结构和应用特性上应根据实际情况选用接口方式,可以选择不需增加外围电路或外围电路简单的芯片。

③应综合比较 D/A 转换芯片的价格高低、求购的难易,是否流行等。

(3) D/A 控制电路设计

本书仅以 DAC0832 为例,叙述其内部结构、芯片引脚功能、与 CPU 的连接方法及简单的应用。DAC0832 是一个具有 20 个引脚的 D/A 转换芯片,其作用是将 8 位数字量转换为一路模拟量。DAC0832 是由 8 位输入锁存器、8 位 DAC 寄存器、8 位 D/A 转换电路组成的,采用二次缓冲方式,这样可以在输出的同时,输入下一个数据,以提高转换速度。

DAC0832 为 20 引脚芯片(如图 1-25 所示)。DI0~DI7 为 8 路数据线,即传送需转换的数字量到 DAC0832。ILE 为输入锁存信号,高电平有效。$\overline{CS}$ 为片选信号,低电平有效。$\overline{WR1}$ 为写信号 1,低电平有效。由图 1-25 可知,当片选信号 $\overline{CS}$、写信号 $\overline{WR1}$、输入锁存信号 ILE 同时有效时,数据总线 DI0~DI7 上的数字量进入 8 位输入锁存器。$\overline{WR2}$ 为写信号 2,低电平有效。$\overline{XFER}$ 为传送控制信号,低电平有效。当写信号 $\overline{WR2}$ 与传送控制信号 $\overline{XFER}$ 均有效时,数字量由 8 位输入锁存器进入 DAC 寄存器,并转换成模拟量。I_{out1} 为电流输出 1,I_{out1} 输出电流随 DAC 寄存器的内容而线性变化。I_{out2} 为电流输出 2,I_{out1} 与 I_{out2} 的和为常数。V_{REF} 为基准电压输入引脚。R_{fb} 为反馈电阻输入引脚,反馈电阻在芯片内部。V_{CC} 为电源,接 +5 V。AGND 为模拟信号地,DGND 为数字信号地。

当输入锁存信号 ILE 为高电平,而 $\overline{CS}$ 与 $\overline{WR1}$ 同时为低电平时,由图 1-26 可知 $\overline{LE1}$=1,输入锁存器的内容随数据总线 DI0~DI7 而变化。当 $\overline{WR1}$ 变为高电平时,$\overline{LE1}$=0,8 位输入数据被锁存在输入寄存器中。当 $\overline{WR2}$ 与 $\overline{XFER}$ 同时为低电平时,$\overline{LE2}$=1,8 位 DAC 寄存器内容随输入锁存器而变化。此时若 $\overline{WR2}$ 变为高电平,$\overline{LE2}$=0,则将输入锁存器中数据锁存在 8 位 DAC 寄存器中,并开始 D/A 转换。

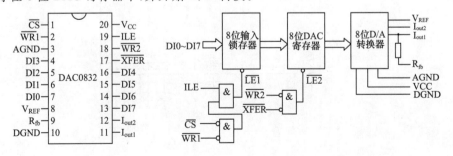

图 1-25 DAC0832 引脚图   图 1-26 DAC0832 逻辑结构图

对于要求多片 DAC0832 同时转换的系统,鉴于各芯片的片选信号不同,可用片选信号 $\overline{CS}$ 与 $\overline{WR1}$ 分时地将数据分别输入到每个芯片的输入锁存器中。各芯片的 $\overline{WR2}$ 与 $\overline{XFER}$ 分别连接在一起,共用一组信号。$\overline{WR2}$ 与 $\overline{XFER}$ 同时为低电平时,数据将在同一时刻由 8 位输入寄存器传送到对应的 8 位 DAC 寄存器中,在 $\overline{WR2}$ 上升沿将数据锁存到 DAC 寄存器中。此时,多个 DAC0832 芯片开始进行 D/A 转换,因此可以达到多路模拟量同时输出的目的。

①DAC0832 单缓冲连接方式硬件设计

DAC0832 与 CPU 的连接方式是多种多样的,先介绍单缓冲连接方式。如图 1-27 所示。

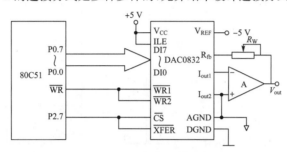

图 1-27　DAC0832 单缓冲连接方式

②DAC0832 双缓冲连接方式硬件设计

DAC0832 工作于双缓冲连接方式,此时当数据输入 DAC0832 时,并不是直接输出转换结果,而是先锁存,然后等锁存器打开才输出转换结果。DAC0832 双缓冲连接方式如图1-28所示。

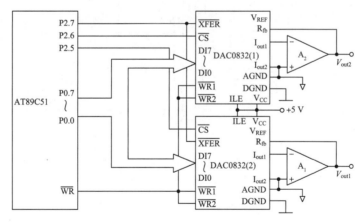

图 1-28　DAC0832 双缓冲连接方式

8.电机控制电路

电机是一种能将电能转换为机械能的装置,在多个领域有着广泛的应用。电机有各种不同的类型,最常用的是直流电机和步进电机。

(1)直流电机驱动电路

直流电机是最早出现的电机,也是最早能实现调速的电机。由于直流电机具有良好的线性调速特性、简单的控制性能、较高的效率和优异的动态特性,是大多数调速控制电机的最佳选择。

①直流电机调速原理

根据电机学知识,直流电机转速 n 的表达式为:

$$n = \frac{V - IR}{K\Phi}$$

式中,V 为电枢端电压,I 为电枢电流,R 为电枢电路总电阻,Φ 为每极磁通量,K 为电机结构参数。

②555 组成的直流电机调速电路

555 时基电路用做小直流电机调速器电路很简单,能够准确地调节工作电流不超过 1 A 的直流电机转速,电路图如图 1-29 所示。

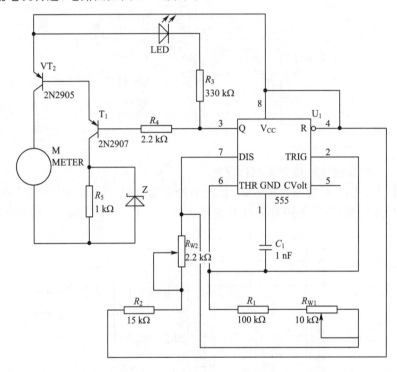

图 1-29　基于 555 的直流电机调速电路

555 电路构成一个 RC 低频振荡器,3 脚输出的脉冲频率可在 5~12 Hz 调节。调节范围取决于 R_1 和 C_1 的值。由晶体三极管 VT_1 和 VT_2 构成功率输出级控制直流电机。可变电阻 R_{W1} 和 R_{W2} 可控制 555 的振荡频率。有"调速"和"变速"两种模式可供选择。"调速"模式是将 R_{W1} 调定于某一频率,让马达按确定的速度旋转。"变速"模式则是用自动控制手段不断调节 R_{W1},使马达随时改变转速。

③H 桥芯片 L298 驱动直流电机调速电路

L298 是著名 SGS 公司的产品,内部包含四通道逻辑驱动电路,具有两套 H 桥电路。该芯片的主要特点是:电压最高可达 46 V;总输出电流可达 4 A;具有过热保护功能;TTL 输出电平驱动,可直接连接 CPU;具有输出电流反馈,过载保护。

L298 具有 Multiwatt15 和 PowerSO20 两种封装,其引脚如图 1-30 所示。表 1-2 L298 引脚符号与功能表列出了 L298 的引脚功能。

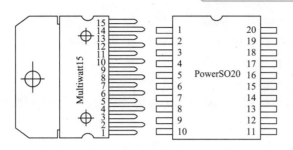

图 1-30　L298 引脚图

表 1-2　　　　　　　　　　　L298 引脚符号与功能表

引脚		符　号	功　　能
Multiwatt15	PowerSO20		
1、15	2、19	SenseA、SenseB	在此引脚与地之间连接检测电阻控制负载电流
2、3	4、5	Out1、Out2	输出端,与对应输入端同逻辑
4	6	V_S	驱动电压,引脚与地之间接 100 nF 电容
5、7	7、9	Input1、Input2	输入端,TTL 电平兼容
6、11	8、14	EnableA、EnableB	使能端,低电平禁止输出
8	1、10、11、20	GND	地
9	12	V_{SS}	逻辑电源,4.5～7 V,引脚与地之间接 100 nF 电容
10、12	13、15	Input3、Input4	输入端,TTL 电平兼容
13、14	16、17	Out3、Out4	输出端
—	3、18	NC	无连接

典型的 L298 应用电路如图 1-31 所示。

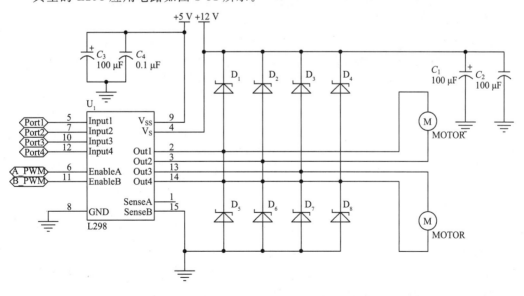

图 1-31　L298 电机控制电路

通过 PWM 控制输入端使能信号,此时,在一个 PWM 周期内,电机电枢只承受单极性的电压,电机的选择方向由方向信号决定,电机的速度由 PWM 决定,PWM 占空比 $0\%\sim100\%$ 对应于电机转速 $0\sim$Max。

（2）步进电机驱动电路

步进电机是一种将电脉冲信号转换为相应角位移的电磁机械装置。当给步进电机输入一个电脉冲信号时,电机的输出轴就转动一个角度,这个角度称为步距角。与直流电机不同,要使步进电机连续转动,需要连续不断地输入电脉冲信号。

如果利用单片机来控制步进电机,只需要利用单片机三根引脚连接步进电机的 A、B、C 相,如图 1-32 所示。

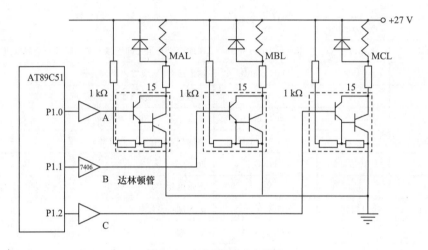

图 1-32 步进电机驱动电路图

只要将步进电机控制码按一定的时序及时间间隔从 P1.0 口输出,步进电机就开始按指定的方向与频率转动。

9.显示电路设计

显示电路通常可以采用以下三种形式:(1)发光二极管显示;(2)数码管显示;(3)液晶显示器显示。

（1）发光二极管（LED）显示

发光二极管（LED）显示一般用于定性显示,典型的 LED 显示电路如图 1-33 所示。只要发光二极管左端接高电平,发光二极管就会被点亮,R 为限流电阻,100 Ω 左右。

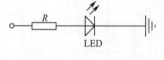

图 1-33 发光二极管

（2）数码管显示

①数码管结构与原理

显示电路中通常使用的是八段 LED 显示器,它有共阴极和共阳极两种,如图 1-34 所示。

从 a～dp 引脚输入不同的 8 位二进制编码,可显示不同的数字或字符。共阴极与共阳极数码管的字段码互为补码。显示字段码表见表 1-3。

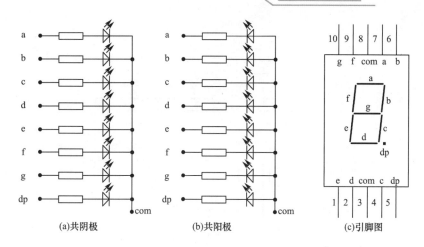

(a)共阴极 (b)共阳极 (c)引脚图

图 1-34　八段 LED 显示器

表 1-3　　　　　　　　　　　　　　显示字段码表

显示字符	共阴极字段码	共阳极字段码	显示字符	共阴极字段码	共阳极字段码
0	3FH	C0H	C	39H	C6H
1	06H	F9H	D	5EH	A1H
2	5BH	A4H	E	79H	86H
3	4FH	B0H	F	71H	8EH
4	66H	99H	P	73H	8CH
5	6DH	92H	U	3EH	C1H
6	7DH	82H	T	31H	CEH
7	07H	F8H	Y	6EH	91H
8	7FH	80H	L	38H	C7H
9	6FH	90H	...	...	...
A	77H	88H			
B	7CH	83H			

②数码管的静态显示

LED 静态显示时,其公共端直接接地(共阴型)或接电源(共阳型),各连线分别与 I/O 线相连。要显示字符,直接在 I/O 线送相应的字段码即可,LED 静态显示电路如图 1-35 所示。

③数码管的动态扫描显示

LED 动态扫描显示是将所有数码管的段选线并接在一起,用一个 I/O 口控制,公共端不是直接接地(共阴型)或接电源(共阳型),而是通过相应的 I/O 口控制。典型的 LED 动态扫描显示电路如图 1-36 所示。

图 1-36 中数码管为共阴型,它的工作过程为:第一步,使左边第一个数码管公共端

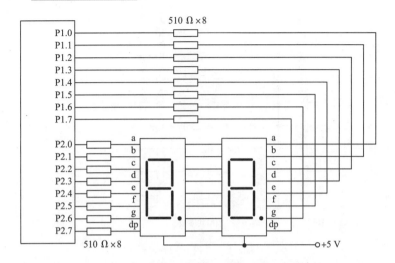

图 1-35 LED 静态显示电路

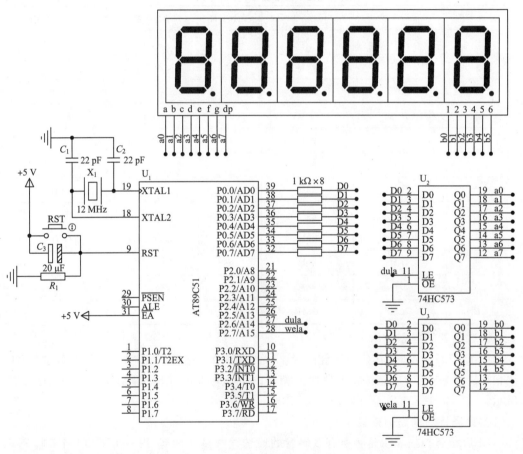

图 1-36 LED 动态扫描显示电路

为 0,其余数码管公共端为 1,同时通过锁存器传送左边第一个数码管字段码。这时,只有左边第一个数码管显示,其余不显示;第二步,使左边第二个数码管公共端为 0,其余数码管公共端为 1,同时通过锁存器传送左边第二个数码管字段码。这时,只有左边第二个数码管显示,其余不显示;依此类推,直到最后一个,这样六个数码管轮流显示相应的信息,一个循环完后,下一个循环又这样轮流显示,从计算机的角度是一个一个的显示,但由于人的视觉暂留效应,只要循环周期足够快,则看起来所有的数码管都是一起显示的,这就是动态扫描显示的原理。这个循环周期是很容易实现的,所以单片机系统中经常用到动态显示。

(3)液晶显示器(LCD)显示

常见的液晶显示器有笔段式液晶显示器和点阵式字符液晶显示器。使用较多的是点阵式字符液晶显示器。下面以点阵式字符液晶显示器为例介绍液晶显示电路设计。

点阵式字符液晶显示器是一种专用于显示字母、数字、符号的液晶器件。它由若干个 5×7 或 5×11 的点阵块组成字符块,每一个字符块显示一个字母、数字或符号。每个点阵块之间都有一定的空隙,作为字符间的自然间隔,而整个显示屏上的像素并非等间隔地排列,如图 1-37 所示。这就决定了它只能显示字符而不能显示连续的图形。

图 1-37 5×7 液晶显示点阵块

点阵式字符液晶显示模块由字符型液晶显示屏(LCD),控制驱动主电路 HD44780 及其扩展驱动电路 HD44100 或与其兼容的 IC,少量电阻、电容元件,结构件等元器件装配在 PCB 板上组装而成。典型的采用 HD44780 的通用液晶显示模块为 1602。

①点阵式字符液晶显示模块 1602

1602 液晶显示模块由若干个 5×7 或 5×11 的点阵块组成字符群。每个点阵块为一个字符位,字符间距和行距都为一个点的宽度。主控制驱动电路为 HD44780(HITACHI)及其他公司全兼容电路,如 SED1278(SEIKO EPSON)、S6A0069(SAMSUNG)、NJU6408(NER JAPAN RADIO)。它具有字符发生器 CGROM 和 64 个字节的自定义字符 CGRAM,可显示 192 字符(160 个 5×7 点阵字符和 32 个 5×11 点阵字符),可自定义 8 个 5×7 点阵字符或 4 个 5×11 点阵字符。具有 80 个字节的显示数据缓冲区 DDRAM。它适配 MCS51 和 M6800 系列 MCU 的操作时序。采用单+5 V 电源供电,低功耗、寿命长、可靠性高。1602 模块外观如图 1-38 所示,引脚编号和功能见表 1-4。

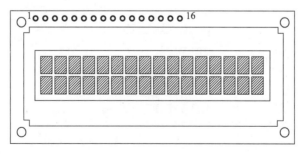

图 1-38 1602 模块外观图

表 1-4　　　　　　　　　　1602 引脚编号和功能表

引脚号	符　号	功　　能
1	V_{SS}	电源地（GND）
2	V_{DD}	正电源
3	V_{EE}	LCD 驱动电压，可用于调节液晶显示器对比度
4	RS	寄存器选择输入端。RS=0，当 MCU 进行写操作时，指向指令寄存器；当 MCU 进行读操作时，指向地址计数器。RS=1，无论 MCU 读操作还是写操作，均指向数据寄存器
5	R/W	读写控制输入端。R/W=0，向 LCD 写入数据或指令；R/W=1，从 LCD 读取信息
6	E	使能信号输入端。读操作时，高电平有效；写操作时，下降沿有效
7～14	D0～D7	数据输入/输出口，MCU 与模块之间的数据传送通道
15	A	背光的正端+5 V
16	K	背光的负端 0 V

②1602 与单片机的接口

8051 系列单片机与 1602 LCD 模块的连接方式一般来说分两种，第一种是利用总线，第二种是利用时序模拟的方法，1602 LCD 模块与单片机接口电路如图 1-39 所示。

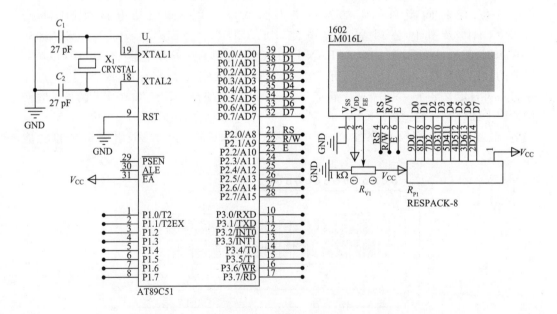

图 1-39　1602 与单片机接口电路

10.键盘电路设计

(1)键盘的工作方式

①查询方式

键盘的查询方式是指首先判断有无按键按下,如果有则去抖动后再次确认是否真有按键按下,若无按键按下则继续查询有无按键按下,若确认的确有按键按下时则进行键盘扫描,最终取得闭合键的键值。判别闭合键是否释放,若检测到释放,则去抖动,再次确认该闭合键是否真的已经释放。只有确认该闭合键的确释放后,才进行下一步;否则继续等待,直到闭合键释放。判别闭合键是否释放非常重要,因为按键闭合一次只能进行一次功能操作,因此只有等到按键释放后,才能根据键号执行相应的功能键操作。最后保存该键值,同时转去执行该闭合键的功能。

②定时扫描方式

定时扫描方式就是每隔一段时间就对键盘扫描一次。它是利用单片机内部定时器产生定时中断(通常定时不超过 100 ms,时间太长,CPU 可能会不能及时响应按键操作),CPU 响应中断请求后,对键盘进行扫描和键值的识别,然后转去执行该键的功能程序。

③中断方式

在中断方式下,当无按键按下时,CPU 并不进行键盘扫描而是处理其他事务,当有按键按下时,产生中断请求(通常采用外部中断),CPU 转去执行键盘扫描子程序,并识别键号。

(2)键盘的软件消抖

软件消抖的基本原理是:在 CPU 检测到有按键按下时,先执行一个 10 ms 左右(具体时间应视所使用的按键的机械特性进行调整)的延时程序,然后再检测一次,对比是否仍是刚才延时前检测到的按键状态。如果是,则确认该按键处于闭合状态并处理该按键闭合时的功能,否则可认为是干扰,放弃处理。同理,当按键从按下到松开时,若 CPU 检测到有按键松开,并执行了 10 ms 左右的延时程序后仍检测到该按键为松开状态,则确认该按键松开。这样就消除了抖动的影响。

(3)独立式键盘设计

独立式键盘结构如图 1-40 所示。在该电路中,当没有按键按下时,CPU 从 I/O 口读取到的是高电平,而当有按键按下时,相应的口线会变为低电平。其中上拉电阻的作用是保证按键未按下时,I/O 口线有确定的高电平。当 I/O 口线内部有上拉电阻时,外电路可以不配置上拉电阻,从而减轻系统的负担。

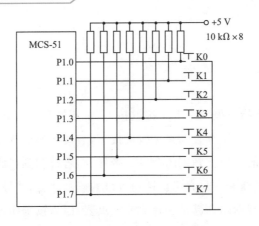

图 1-40　独立式键盘结构图

独立式按键结构的软件设计常采用查询方式,逐位查询每根 I/O 口线的输入状态,如果查询到某一个 I/O 口线输入为低电平,便执行一段延时程序消抖,延时后再次查询,若仍为低电平,则确认该按键已按下,等待该闭合键释放后便转向该按键的功能处理程序。

(4)矩阵式键盘设计

矩阵式键盘结构如图 1-41 所示。在图中利用线反转法获取闭合键的键值,具体步骤如下:

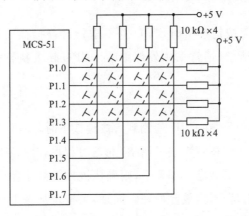

图 1-41　矩阵式键盘结构图

①使四条行线输出全为 0,然后读入 P1.0 口的值,则该值的高 4 位即 4 条列线的状态。如果高 4 位状态都为 1,则说明无按键按下;若高 4 位中有一位为 0,则说明有按键按下,且该位即为闭合键所在的列。同时将该读入的值存入一个 RAM 单元中,假定存入 20H 单元中。

②去抖动,即调用延时子程序。

③再使 4 条列线输出全为 0,然后读入 P1.0 口的值,则该值的低 4 位即 4 条行线的状态。如果低 4 位状态都为 1,则说明无按键按下;若低 4 位中有一位为 0,则说明有按键按下,且该位即为闭合键所在的行。同时也将该读入的值存入一个 RAM 单元中,假定存入 21H 单元中。

④将 20H 中的高 4 位和 21H 中的低 4 位相加,得到的值即闭合键的键值。

11.电源电路设计

直流稳压电源将交流电网电压转换成直流电压,为电子系统提供工作电源,是各种电子系统的重要组成部分。稳压电源分为线性稳压电源和开关稳压电源两大类。线性稳压电源的主要优点是纹波小,主要缺点是变换效率低,一般只有 35%;开关稳压电源的主要优点是变换效率高,可达 95%,主要缺点是纹波大。

(1)稳压电源的主要技术指标及组成

稳压电源的类型、规格繁多,但就组成来说大同小异,基本由电源变压器、整流电路、滤波电路和稳压电路等部分构成,其组成框图如图 1-42 所示。

图 1-42　稳压电源组成框图

稳压电源的主要技术指标包括额定指标、质量指标等。额定指标用以说明电源所能提供的功率、电压、电流范围及额定工作条件(包括环境温度、湿度、电压等)。质量指标包括:

①电压稳定度 S:负载不变,稳压器输出的直流电压 U_o 的相对变化量 $\Delta U_o/U_o$ 与输入电网电压 U_i 的相对变化量 $\Delta U_i/U_i$ 的比值,即

$$S=\frac{\Delta U_o/U_o}{\Delta U_i/U_i}$$

②纹波系数 $\gamma(\%)$:在额定负载电流下,输出纹波电压的有效值 U_{rms} 与输出直流电压 U_o 之比称为纹波系数,即 $\gamma=\frac{U_{rms}}{U_o}$。

③负载稳定度:负载电流保持在额定范围内,输入电压在规定的范围内变化所引起的输出电压的相对变化 $\Delta U_o/U_i$(百分数)称为负载稳定度,又称负载调整率。

④电网调整率:电网调整率是指输入电网电压由额定值变化 10% 时,稳压电源输出电压的相对变化量。有时该参数用绝对值表示,但是一般稳压电源的电网调整率用百分数表示,常用的数值为 1%、0.1%、0.01%。

⑤电源内阻 R_o:定义为在输入电压不变的情况下,输出电压的变化量与负载电流变化量之比。电源内阻 R_o 越小越好。

(2)直流稳压电源整流电路、滤波电路及其设计

整流是把交流电转换成直流电的过程,完成这种功能的电路称为整流电路,就其电路结构而言,可分为单相与多相整流电路,可控与不可控整流电路,半波、全波与桥式整流电路等。这里只讲述电子系统设计中最为常用的单相不可控桥式整流电路的原理及其设计。

①桥式整流电路的工作原理

桥式整流电路如图 1-43 所示。

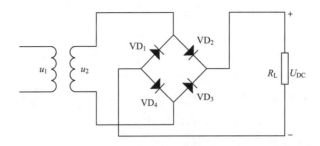

图 1-43 桥式整流电路

在 u_2 正半周时，VD$_2$、VD$_4$ 导通，而 VD$_1$、VD$_3$ 截止；在 u_2 负半周时，VD$_1$、VD$_3$ 导通，而 VD$_2$、VD$_4$ 截止，所以在一个周期内，负载中总有电流流过，在负载电阻上产生脉动电压，图 1-43 中，变压器次级电压为 $u_2 = \sqrt{2}U_2 \sin\omega t$，其中，$U_2$ 为变压器次级电压的有效值。所以输出直流电压 U_{DC} 为整流电路输入电压在一个周期内的平均值，即

$$U_{DC} = \frac{1}{\pi}\int_0^1 \sqrt{2}U_2 \sin\omega t \, \mathrm{d}\omega t = 0.9U_2$$

上式表明，在桥式整流电路中，负载上得到的直流电压为变压器次级电压有效值的 90%。当然，考虑到变压器等效内阻和二极管正向电阻的影响，实际得到的直流电压会略低一些。由图 1-43 可见，在桥式整流电路中，二极管截止时承受的反压为 $\sqrt{2}U_2$，考虑到电网电压波动范围为 $\pm 10\%$，二极管的极限参数应满足 $1.1\sqrt{2}U_2$。

②滤波电路

常用的滤波电路有电容滤波、电感滤波及复式滤波，其中以电容滤波在小功率电源中最为常用。

桥式整流电容滤波电路如图 1-44 所示。该电路利用电容的储能特性，可使波形平滑，提高直流分量，减小输出纹波。

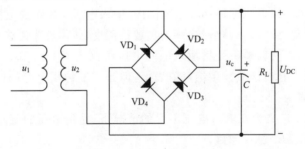

图 1-44 桥式整流电容滤波电路

电容滤波电路加入滤波电容后，输出电压的直流成分提高，脉动成分减小。电容滤波放电时间常数（$\tau = RLC$）越大，放电过程越慢，输出直流电压越高，纹波越小，效果越好。为了获得较好的滤波效果，一般选择的电容值应满足 $RLC \geq (3 \sim 5)T/2$，此时，输出电压的平均值 $U_o = 1.2U_2$。电容滤波电路的输出电压随输出电流的增大而减小，所以电容滤波适合于负载电流变化不大的场合。电容滤波电路中整流管的导通角 $< 180°$，且电容放电时间常数越大，导通角越小，二极管在短暂的导电时间内，有很大的浪涌电流流过，对整流管的寿命不利。所以选择整流管时，应考虑其所能承受的最大冲击电流，一般要求其大

于平均电流的 2～3 倍。

(3)线性集成稳压电源的选用与设计

目前,市场上的线性集成稳压器有三端固定输出电压式、三端可调输出电压式、多端可调输出电压式三种类型。在要求输出电压是固定的标准系列值,且技术性能要求不是很高的情况下,可选择三端固定输出电压式集成稳压器,这种稳压器使用简单,不需要做任何调整,而且价格较低,因此应用非常广泛。

①78XX 系列三端固定式稳压器

78XX 系列作为应用最广泛的三端(电压输入端、电压输出端、公共接地端)固定式正压稳压器,内部有过流、过热保护,以防过载而损坏。其中 78 后面的数字代表稳压器输出的正电压数值(一般有 5 V、6 V、8 V、9 V、10 V、12 V、15 V、18 V 和 24 V 等九种输出电压),各厂家在 78 前面冠以不同的英文字母代号。78 系列稳压器最大输出电流分 100 mA、500 mA、1.5 A 三种,以插入 78 和电压数字之间的字母来表示。插入 L 表示 100 mA、M 表示 500 mA,如不插入字母则表示 1.5 A。此外,78(L,M)XX 的后面往往还附有表示输出电压容差和封装外壳类型的字母。金属封装形式输出电流可以达到 5 A。例如,78M05 表示该集成稳压器输出电压为 $+5$ V,输出电流为 500 mA。

78XX 系列三端固定式稳压器的基本应用电路如图 1-45 所示,只要把正输入电压 U_i 加到 7805 的输入端,7805 的公共端接地,其输出端便能输出芯片标称正电压 U_o。在实际应用电路中,芯片输入端和输出端与地之间除分别接大容量滤波电容外,通常还需在芯片引出脚根部接小容量(0.1～10 μF)电容 C_i、C_o 到地。C_i 用于抑制芯片自激振荡,C_o 用于减小高频噪声。C_i 和 C_o 的具体取值应随芯片输出电压高低及应用电路的方式不同而异。

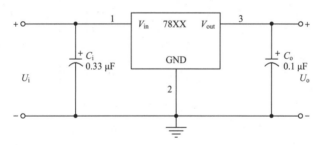

图 1-45　78XX 系列三端固定式稳压器基本应用电路

②79XX 系列三端固定式负压稳压器

三端固定式负压稳压器命名为 79XX 系列,它的性能与 78XX 系列类似,主要的不同点是输出电压为负压;其封装形式与 78XX 系列相同,但引脚不同。其典型接线图如图 1-46 所示。

图 1-46 中,芯片的输入端加上负输入电压 U_i,芯片的公共端接地,在输出端得到标称的负输出电压 U_o,电容 C_i 用来抑制输入电压 U_i 中的纹波和防止芯片自激振荡,C_o 用于抑制输出噪声。

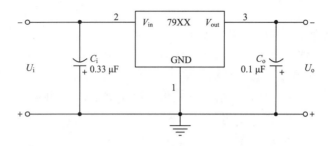

图 1-46　79XX 系列三端固定式负压稳压器应用电路

③三端可调式集成稳压器

三端可调式集成稳压器与三端固定式稳压器相比具有更优的稳压性能,电压连续可调,连接线路非常方便,并同样具有各种过载保护功能。以应用广泛的 LM117/217/317 系列三端可调式集成稳压器为例,其典型应用电路如图 1-47 所示。其中电阻 R_1 与电位器 R_P 组成电压输出调节电位器,输出电压 U_o 的表达式为

$$U_o = 1.25\left(1 + \frac{R_P}{R_1}\right)$$

式中,R_1 一般取值为 $120 \sim 240\ \Omega$,输出端与调整压差为稳压器的基准电压(典型值为 $1.25\ \mathrm{V}$),所以流经电阻 R_1 的泄放电流为 $5 \sim 10\ \mathrm{mA}$,R_P 为电位器阻值。

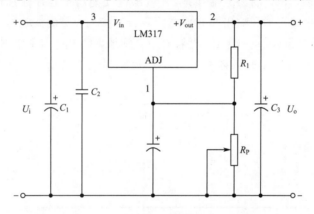

图 1-47　三端可调式集成稳压器应用电路

④具有正、负电压输出的稳压电路

当需要正、负电压同时输出的稳压电源时,可用 CW78XX 和 CW79XX 系列稳压器各一块接成如图 1-48 所示的电路。图中,这两组稳压器有一个公共接地端,它们的整流部分也是公共的。电源变压器带有中心抽头并接地,输出端得到大小相等、极性相反的电压。

⑤三端集成稳压器的使用注意事项

三端集成稳压器的输入、输出和接地端绝不能接错,不然容易烧坏。一般三端集成稳压器的最小输入、输出电压差约为 $2\ \mathrm{V}$,否则不能输出稳定的电压。一般应使电压差保持在 $4 \sim 5\ \mathrm{V}$,即经变压器变压、二极管整流、电容器滤波后的电压应比稳压值高一些。

在实际应用中,应在三端集成稳压电路上安装足够大的散热器(当然小功率的条件下

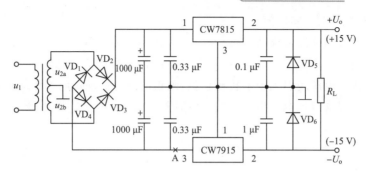

图 1-48 正、负电压输出的稳压电路

不用)。当稳压器温度过高时,稳压性能将变差,甚至损坏。当设计中需要一个能输出
1.5 A 以上电流的稳压电源时,通常采用多块三端稳压电路并联起来,使其最大输出电流
为 N 个 1.5 A。但应用时需注意,并联使用的集成稳压电路应采用同一厂家、同一批号
的产品,以保证参数的一致性。另外,应在输出电流上留有一定的余量,以避免个别集成
稳压电路失效时导致其他电路的连锁烧毁。

1.2.3 抗干扰设计

电子产品的工作环境往往都是具有多种干扰源的现场,抗干扰措施在硬件电路设计
中显得尤为重要。

1. 干扰的种类和产生原因

干扰信号主要通过三个途径进入系统内部:电磁感应、传输通道和电源线。一般情况
下,经电磁感应进入仪表的干扰在强度上远远小于从传输通道和电源线进入的干扰,对于
电磁感应干扰可采用良好的"屏蔽"和正确的"接地"加以解决。所以,抗干扰措施主要是
尽量切断来自传输通道和电源线的干扰。

(1)串模干扰、共模干扰及电源干扰

串模干扰是指干扰电压与有效信号串联叠加后作用到系统上的,如图 1-49 所示。由
于测量控制系统的信号线较长,通过电磁和静电耦合所产生的感应电压有可能大到与被
测有效信号相同的数量级,甚至比后者大得多。对测量控制系统而言,由于采样时间短,
工频的感应电压也相当于缓慢变化的干扰电压。这种干扰信号与有效直流信号一起被采
样和放大,造成有效信号失真。除了信号线引入的串模干扰外,信号源本身固有的漂移、
纹波和噪声以及电源变压器不良屏蔽或稳压滤波效果不良等也会引入串模干扰。

共模干扰是指输入通道两个输入端上共有的干扰电压。这种干扰可以是直流电压,
也可以是交流电压,其幅值可达几伏甚至更高,这取决于现场产生干扰的环境条件和仪表
的接地情况。在测控系统中,检测元件和传感器是分散在生产现场的各个地方的,因此,
被测信号 V_S 的参考接地点和单片机系统输入信号的参考接地点之间往往存在着一定的
电位差 V_{CM}(如图 1-50 所示)。对于输入通道的两个输入端来说,分别有 V_S+V_{CM} 和 V_{CM}
两个输入信号。显然,V_{CM} 是转换器输入端上共有的干扰电压,故称为共模干扰电压。在
测量电路中,被测信号有单端对地输入和双端不对地输入两种输入方式,对于存在共模干
扰的场合,不能采用单端对地输入方式,因为此时的共模干扰电压将全部成为串模干扰电

压,必须采用双端不对地输入方式。

除了串模干扰和共模干扰之外,还有一些干扰是从电源线引入的。同一电源系统中的可控硅器件通断时产生的尖峰,会通过变压器的初级和次级之间的电容耦合到直流电源中去产生干扰。电源线引入的干扰还包括:附近的断电器动作时产生的浪涌电压,由电源线经变压器级间电容耦合产生的干扰;共用同一个电源的附近设备接通或断开时产生的干扰。

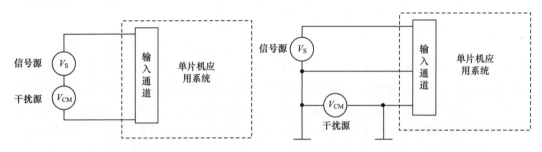

图 1-49 串模干扰　　　　　　　　　　　图 1-50 共模干扰

（2）数字电路的干扰

在数字电路的元件与元件之间、导线与导线之间、导线与元件之间、导线与结构件之间都存在着分布电容。如果某一个导体上的信号电压（或噪声电压）通过分布电容使其他导体上的电位受到影响,则这种现象称为电容性耦合。

假设 A、B 两导线的两端均接有门电路,如图 1-51 所示。当门 1 输出一个方波脉冲,而受感线（B 线）正处于低电平时,可以从示波器上观察到如图 1-52 所示的波形。

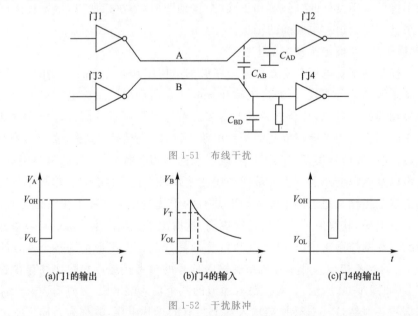

图 1-51　布线干扰

(a)门1的输出　　　　　　(b)门4的输入　　　　　　(c)门4的输出

图 1-52　干扰脉冲

图 1-52 中,V_A 表示信号源,V_B 为感应电压。若耦合电容 C_{AB} 足够大,使得正脉冲的幅值高于门 4 的开门电平 V_T,脉冲宽度也足以维持使门 4 的输出电平从高电平下降到低

电平,则门 4 就输出一个负脉冲,即干扰脉冲。

在印刷电路板上,两条平行导线间的分布电容为 0.1~0.5 pF/cm,与靠在一起的绝缘导线间的分布电容有相同的数量级。除以上所介绍之外,还有其他一些干扰和噪声,例如:由印刷电路板电源线与地线之间的开关电流和阻抗引起的干扰、元器件的热噪声、静电感应噪声等。

2.电源、地线干扰及其对策

(1)电源干扰及其对策

现在的电子产品大都使用市电供电,在工业现场中,由于生产负荷的变化,大型用电设备的启动、停止,如大电机、电梯、继电器、照明灯、电焊机等,往往会造成电源电压的波动,有时还会产生幅度在 40~5000 V 的高能尖峰脉冲。它对系统的危害性最为严重,很容易使系统造成"飞程序"或"死机"。抗干扰的对策除了"远离"这些干扰源以外还可以采用专用的抗尖峰干扰抑制器。对于要求更高的系统,可采用不间断电源(Uninterrupted Power Supply,UPS 电源)。

电子产品系统需要的直流电源都是由交流电源变换来的,这一变换过程也可能存在着波动和干扰。为了消除直流电源的干扰,可采取以下措施:

①采用集成稳压块单独供电。

②使用直流开关电源。

③使用 DC-DC 变换器。

(2)地线干扰及其对策

在电子产品中,接地是否正确,将直接影响到系统能否正常工作。这里包含两方面的内容,一是接地点是否正确,二是接地是否牢固。前者用来防止系统各部分的串扰,后者用以防止接地线上的压降。

电子应用系统的地线主要有数字地、模拟地、信号地、功率地、交流地、直流地、屏蔽地。数字地是指系统数字电路的零电位。模拟地是放大器、A/D 转换器输入信号及采样/保持器等模拟电路的零电位。信号地是传感器的地。功率地指大电流网络部件的零电位。交流地是指 50 Hz 交流市电的地,是噪声地。直流地为直流电源的地线。屏蔽地是为防止静电感应和电磁感应而设计的地,有时也称机壳地。这些地不能胡乱地接在一起,下面介绍几种常用的接地方法。

①一点接地和多点接地的应用

通常,频率小于 1 MHz 时,可采用一点接地,以减少地线造成的地环路;频率高于 10 MHz 时,应采用多点接地,以避免各地线之间的耦合;当频率处于 1~10 MHz 时,如采用一点接地,其地线长度不应超过波长的 1/20,否则应采用多点接地。

②数字地和模拟地的连接原则

在电子应用系统中,数字地和模拟地必须分别接地,即使是一个芯片上有两种地(如 A/D、D/A、S/H),也要分别接地,然后仅在一点处把两种地连接起来,否则数字回路通过模拟电路的地线再返回到数字电源,将会对模拟信号产生影响。

③印刷电路板的地线分布原则

为了防止系统内部地线干扰,在设计印刷电路板时应遵循下列原则:TTL、CMOS 器件的地线要呈辐射网状,避免环形。要根据通过电流的大小决定地线的宽度,最好不小于 3 mm。在可能的情况下,地线尽量加宽。旁路电容的地线不要太长。功率地通过的电流较大,地线应尽量加宽,且必须与小信号地分开。

3.硬件抗干扰措施

为提高系统的可靠性,除了对系统供电、接地及传输过程抗干扰以外,更重要的是在系统硬件设计时,根据不同的干扰采取相应的措施。

电子产品电路的干扰很大程度上来源于模拟输入通道,如传感器,A/D 转换电路等。传统的方法是抑制相应的模拟信号干扰,如在输入回路中接入模拟滤波器,使用双积分式 A/D 转换器、V/I 转换器,采用专用隔离放大器等。由于电子产品的电路是一个数字-模拟混合的系统,所以,采用数字隔离技术,即光电隔离技术将是更好的选择。

4.软件抗干扰措施

一方面,硬件抗干扰措施不仅影响硬件工作,也会干扰软件的正常运行,另一方面,软件设计本身对系统的可靠性也起着至关重要的作用。随着微处理器性能的不断提高,用软件的方法来实现一些硬件的抗干扰功能,简便易行,成本低,因而愈来愈受到人们的重视。

(1)数字滤波提高数据采集的可靠性

对于实时数据采集系统,为了消除传感器通道中的干扰信号,在硬件措施上常采取有源或无源 RLC 网络,构成模拟滤波器对信号实现频率滤波。随着单片机运算速度的提高,运用 CPU 的运算、控制能力也可以完成模拟滤波器的类似功能,这就是数字滤波。数字滤波的方法在许多数字信号处理的专著中都有详细的论述,可以参考。下面介绍几种常用的简便有效的方法。值得注意的是,选取何种方法必须根据信号的变化规律进行衡量。

①算术平均法。对一点数据连续采样多次,计算其平均值,以平均值作为采样结果。这种方法可以减少系统的随机干扰对采集结果的影响,一般地,计算 3~5 次平均值即可。

②比较取舍法。当控制系统测量结果的个别数据存在明显偏差时(例如尖峰脉冲干扰),可采用比较取舍法,即对每个采样点连续采样几次,根据所采数据的变化规律,确定取舍办法来剔除个别错误数据。例如,"采三取二"即对每个点连续采样三次,取两次相同的数据作为采样结果。

③中值法。根据干扰造成数据偏大或偏小的情况,对一个采样点连续采集多个信号,并对这些采样值进行比较,取中值作为该点的采样结果。

④一阶递推数字滤波法。这种方法是利用软件完成 RC 低通滤波器的算法。

(2)控制状态失常的软件抗干扰措施

在大量的开关量控制系统中,控制状态输出常常依据于某些条件状态的输入及其逻辑处理结果。干扰的入侵,会造成控制条件的偏差、失误,致使控制输出失误,甚至控制失常。为了提高输入/输出控制的可靠性,可以采取以下抗干扰措施。

①软件冗余

在条件控制中,对控制条件的一次采样、处理、控制输出,改为循环地采样、处理、控制输出。这种方法对于惯性较大的控制系统有良好的抗偶然因素干扰的作用。

对于开关量的输入,为了确保信息准确无误,在不影响实时性的前提下,可采取多次读入的方法(至少读两次),认为无误后(例如两次读入结果相同)再输入。开关量输出时,应将输出量回读(这要有硬件配合),以便进行比较,确认无误后再输出给执行机构。

有些执行机构由于外界干扰,在执行过程中可能产生误动作,比如已关(开)的闸门、料斗可能中途突然打开(关闭)。对于这些误动作,可以采取在应用程序中每隔一段时间(例如几个毫秒)发出一次输出命令,不断地开或关的措施来避免。

当读入按钮或开关状态改变时,由于机械触点的抖动,可能造成读入错误,可以采用硬件去抖或用软件延时去抖。

②软件保护

当单片机输出一个控制指令时,相应的执行机构便会工作,由于执行机构的工作电压、电流都可能较大,在其动作瞬间往往伴随火花、电弧等干扰信号。这些干扰信号有时会通过公共线路回到接口中,导致片内 RAM、片外扩展 RAM 以及各特殊功能寄存器数据发生篡改,从而使系统产生误动作。再者,当命令发出之后,程序立即转移到检测返回信号的程序段,一般执行机构动作时间较长(从几十毫秒到几秒不等),在这段时间内也会产生干扰。

为防止这种情况发生,可以采用一种所谓软件保护的方法。其基本思想是,设置当前输出状态表(当前输出状态寄存单元),输出指令发出后,立即修改输出状态表、执行机构动作前即调用此保护程序,该程序将不断输出状态表的内容传输到各输出接口的端口寄存器中,以维持正确的输出控制。当干扰造成输出状态被破坏时,由于不断执行保护程序,可以及时纠正输出状态,从而达到正确控制的目的。

③设置自检程序

设置自检程序可在上电复位后及程序中间的某些点上插入自检,显示报警异常点,或自动关闭故障部分。单片机应用系统需要自检的部件有 EPROM、RAM、I/O 口等。EPROM 进行自检的方法是奇偶校验。RAM 自检的方法是交替写 1 和 0 并读出,形成 AAH 或 55H 的校验板模式。I/O 口自检通常应预留自检口,这些自检口可成对相互连接或成对接 V_{CC} 与地。例如,8155 的 PC7 接 V_{CC},PC3 接地,读 PC3、PC7,判断是否为 0、1;PB7 与 PA7 对接,在 PA7 口先后输出 0 和 1,再从 PB7 口读入,即可判断 I/O 端口的读/写是否正确。

(3)程序运行失常的软件抗干扰措施

单片机应用系统引入强干扰后,程序计数器 PC 的值可能被改变,因此会破坏程序的正常运行,被干扰后的 PC 值是随机的,这将导致程序"飞出",即程序偏离正常的执行顺序。PC 值可能指向操作数,将操作数当作指令码执行,并由此顺序地执行下去;PC 值也可能超出应用程序区,将未使用的 EPROM 区中的随机数当作指令码执行。这两种情况都将使程序执行一系列非预计、无意义、不受控的指令,会使输出严重混乱,最后多由偶然巧合进入死循环,系统失去控制,造成所谓的"死机"。

为了防止程序"飞出"及"死机",人们研制出各种办法,其基本思想是发现失常状态后及时引导程序恢复原始状态。

(1)设立软件陷阱

所谓软件陷阱是指一些可以使混乱的程序恢复正常运行或使"飞出"的程序恢复到初始状态的一系列指令。主要有以下两种:

①空指令(NOP)。在程序的某些位置连续插入几个(三个以上)NOP 指令(即将连续几个单元置成00H),不会影响程序的功能,而当程序失控时,只要 PC 指向这些单元(落入陷阱),连续执行几个空操作后,程序便会自动恢复正常,不再会将操作数当作指令码执行,可正常执行后面的程序。这种方法虽然浪费一些内存单元,但能保证不"死机"。通常在一些决定程序走向的位置必须设置 NOP 陷阱。比如以下几种情况。

a.0003H～0030H 中未使用的单元。这是 5 个中断入口地址,一般用于存放一条绝对跳转指令,但一条绝对跳转指令只占用了 3 个字节,而每两个中断入口之间有 8 个单元,余下的 5 个单元应用 NOP 填满。

b.跳转指令及子程序调用和返回指令之后。

c.程序段之间的未用区域。

也可每隔一些指令(一般为十几条指令)设置一个陷阱。

②跳转指令 LJMP ♯add16 和 JB bit,rel。当 PC 失控导致程序"飞出"进入非程序区时,只要在非程序区设置拦截措施,强迫程序回到初始状态或某一指定状态,即可使程序重新正常运行或进行故障处理。

利用 LJMP ♯0000(020000H)和 LJMP ♯0202(020202H)指令,将非程序区和未用的中断入口地址反复用 020000020000…H 填满,则不论程序失控后指向上述区域的哪一字节,最后都能强迫程序回到复位状态重新执行;或转向地址 020202H 执行抗干扰处理程序。

(2)加软件"看门狗",实现系统监控

由于干扰或程序设计错误等各种原因,程序在运行过程中可能会偏离正常的顺序而进入到不可预知、不受控制的状态,甚至陷入死循环,这种现象称为"飞程序""死机"。为防止这种情况造成重大损失,并让系统能够自动恢复正常运行,必须对系统运行进行监控,完成系统运行监控功能的电路或软件称为"看门狗"电路或"看门狗"定时器。其工作原理是系统在运行过程中,每隔一段固定的时间给"看门狗"一个信号,表示系统运行正常。如果超过这一时间没有给出信号,则表示系统失灵。"看门狗"将自动产生一个复位信号使系统复位,或产生一个"看门狗"定时器中断请求,系统响应该请求,转去执行中断服务子程序,处理当前的故障,如停机或复位等。

1.3　项目实施

1.3.1　项目示例:环境要素采集仪电路和温度控制仪电路设计

1.3.1.1　环境要素采集电路设计

1.设计要求

(1)利用单片机和模拟电路,设计环境要素采集器,完成气温、风速、风向的测量功能。

(2)温度测量范围:-50 ℃～+50 ℃,精度±0.5 ℃。

(3)风向测量范围:0～360°。

(4)风速测量范围:0～60 m/s。

(5)气温传感器为 PT100;风向传感器为 ZQZ-TF,风向输出 7 位格雷码,风速输出为脉冲。

(6)具备简单的人机交互功能,通过串口每分钟输出气温、风向和风速数值。

2.方案论证

(1)主控 CPU 的选择

方案一:采用可编程逻辑器件 CPLD 作为主控器,对传感器采集到的信号和已经 A/D 转换过的数字信号进行处理与计算,然后通过八段数码管显示出来。因为 CPLD 可以实现各种复杂的逻辑功能、规模大、密度高、体积小、稳定性高、I/O 资源丰富、易于进行功能扩展。采用并行的输入/输出方式,提高了系统的处理速度,适合作为大规模控制系统的控制核心。而本系统不需要复杂的逻辑功能,对数据的处理速度的要求也不是非常高。所以,从实用及经济的角度上考虑,决定放弃此方案。

方案二:采用 Atmel 公司生产的 AT89C51 单片机作为主控制器,对采集到的信号进行处理再显示。Atmel 公司生产的 AT89C51 是一个低功耗、字长为 8 位的单片微型计算机,能够实现在线编程。其内部由中央处理器、片内 128 B RAM、片内 4 KB ROM、两个 16 位的定时计数器、四个 8 位的 I/O 口(P0、P1、P2、P3)、一个全双工的串行口、五个中断源以及时钟等组成。它具有体积小,重量轻,抗干扰能力强,对环境要求不高,价格低廉,可靠性高,灵活性好的优点。

综上分析,我们采用方案二。

(2)按键方案的选择

方案一:采用独立式按键电路,每个按键单独占有一根 I/O 口线,每个 I/O 口线的工作状态互不影响,此类键盘采用端口直接扫描方式。优点为电路设计简单,且编程极其容易,缺点为当按键较多时,I/O 口线浪费较大。

方案二:采用矩阵式键盘,此类键盘采用矩阵式行列扫描方式,缺点为电路复杂、编程难,优点是当按键较多时可降低占用单片机的 I/O 口数目,节省硬件资源。

综合考虑这两种方案及题目要求,方案一需要 8 个 I/O 口,方案二需要 16 个 I/O 口,故选择方案一。

（3）按键接口芯片方案的选择

方案一：采用 8279 并行接口芯片。键盘/显示接口芯片 8279 采用并行输入方式，有键按下可申请中断处理，驱动能力强，编程简单，应用方便。但其外围需多达十几根 I/O 线，芯片本身体积也较大。

方案二：采用 ZLG7289 串行接口芯片。ZLG7289 是广州周立功单片机发展有限公司自行设计的、具有 SPI 串行接口功能，占用口线少，可同时驱动 8 位共阴式数码管或 64 只独立 LED 的智能显示驱动芯片，该芯片同时还可连接多达 64 键的键盘矩阵，单片即可完成 LED 显示、产生按键值的全部功能。ZLG7289 内部含有译码器，可直接接受 BCD 码或十六进制码，并同时具有两种译码方式。此外，还具有多种控制指令，如消隐、闪烁、左移、右移、段寻址等。芯片体积小、功能强、编程也不复杂。在仪器仪表、工业控制器、条形显示器、控制面板等方面应用广泛。

综合考虑两种方案，方案二硬件资源少，结构简单，符合电子产品追求小型化的要求，故采用方案二。

（4）显示器的选择

方案一：采用 LED 数码管显示。采用 ZLG7289 接口接 LED 显示更方便、可靠，但是设计要求能显示输出信号的类型、测量值，这样用 LED 显示就显得不是那么直观，不具有现实应用仪表的那种人性化界面，而且 LED 数码管功耗较大，不符合仪器仪表节能的要求。

方案二：采用 LCD 显示。即液晶显示器，是一种数字显示技术，可以通过液晶和彩色过滤器过滤光源，在平面面板上产生图像。对于相同尺寸的显示器来说，液晶显示器的可视面积要更大一些，而且液晶显示器更容易在小面积屏幕上实现高分辨率，液晶显示器通过显示屏上的电极控制液晶分子的状态来达到显示的目的，即使屏幕加大，它的体积也不会成正比的增加，而且在重量上比相同显示面积的传统显示器要轻得多。LCD 占用空间小、低功耗、低辐射、无闪烁、应用范围广、画面效果好、显示质量高、可降低视觉疲劳，而且液晶显示器都是数字式的接口，体积小、应用方便、显示内容的范围广，完全可以满足我们人性化界面显示的要求，而且有很大的发挥余地。

综合考虑两种方案，方案二结构简单，更符合仪器制作的要求，使用非常的方便，所以采用方案二。

（5）直流稳压源的选择

方案一：采用串联型稳压电路。其具有稳压性能好，输出纹波电压小，成本低等优点，并且其性能安全可靠，维护简单，适用于小功率电源，当前正被广泛采用。

方案二：采用开关型稳压电源。开关型稳压电源是通过改变开关调整管的导通时间与导通截止变化周期的比值来调整输出电压的，具有效率高、体积小、重量轻的优点。但在实际应用中也还存在着一些问题，不能十分令人满意。这暴露出开关稳压电源的又一个缺点，那就是电路结构复杂、故障率高、维修麻烦。对此，如果设计者和制造者不予以充分重视,则直接影响到开关型稳压电源的推广应用。当今,开关型稳压电源推广应用比较困难的主要原因就是它的制作技术难度大、维修麻烦和造价成本较高。

综上所述,方案一电路结构简单,容易实现,适用于小功率电源,因此采用方案一。

（6）传感器的选择

①温度传感器的选择

方案一:采用热电偶温度传感器。热电偶是工业上最常用的温度检测元件之一,它能将温度信号转换成热电势信号,通过电气测量仪表的配合,就能测量出被测的温度。具有测量精度高、构造简单、使用方便的优点。但其存在响应速度慢、灵敏度低、稳定度低、电路复杂及高温时会老化和漂移等诸多缺陷。其电路原理如图 1-53 所示。

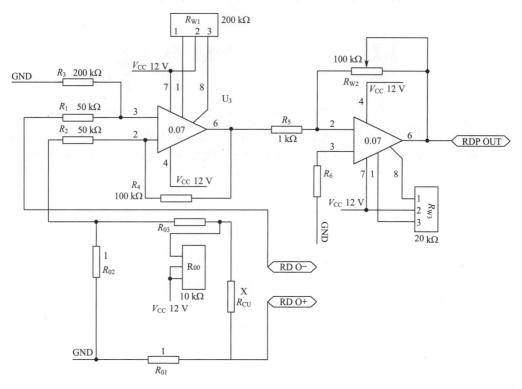

图 1-53 热电偶温度传感器采集电路

方案二:采用温度传感元件 PT100,PT100 是一种被广泛应用的测温元件,在 $-50\ ℃\sim$ 600 ℃具有其他任何温度传感器无可比拟的优势,具有高精度、高灵敏度、稳定性好、抗干扰能力强、易于连接及响应速度快等优点。

综上所述,采用方案二。

②测风传感器的选择

方案一:采用传统超声波式风速风向仪,如图 1-54 所示。传统超声波式风速风向仪最大的优点是无机械式的摩擦损耗带来的一系列缺点。其与生俱来的缺点是尺寸大、不易加热、易结冰,同时易受雨、雪、雹、霜、雾、沙尘等障碍物影响。

方案二：采用 ZQZ-TF 型测风传感器,如图 1-55 所示。它由风速传感器和风向传感器组成。该传感器壳体采用防锈材料制造,提高了防腐性能。其轴承防尘结构也进行了特殊设计,较好地提高了防尘效果,并获得了国家实用新型专利权。该传感器具有动态特性好、线性好、精度高、灵敏度高、抗风强度大、测量范围宽、互换性好、电路寿命长、工作可靠、抗雷电干扰能力强等多种优良性能。该传感器适用于测量近地面层的大气水平风速、风向。可广泛应用于气象、军事、机场、海港、环保、农林、高速公路等部门。

图 1-54　传统超声波式风速风向仪

图 1-55　ZQZ-TF 型测风传感器

方案三:使用薄膜铂电阻的风速传感器。这种风速传感器组件使用的风速探头是薄膜铂电阻。温度补偿电路位于传感器的内部,所以可以得到与温度无关的准确数值。但其测量范围有限,在 0 ℃~+60 ℃的空气流中,只能测量 0~15 m/s(5%/FS)的风速,达不到设计的要求。

经论证,选择方案二。

3.硬件设计

根据以上分析,我们确定了本系统的结构框图,如图 1-56 所示。它由数字控制模块、键盘控制模块和液晶显示模块、稳压电源模块、温度采集模块、风速和风向采集模块、A/D 转换模块以及报警模块等组成。

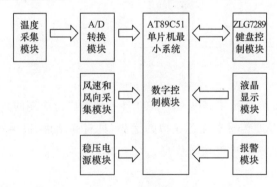

图 1-56　系统原理框图

(1)数字控制模块

数字控制模块主要由数字电路组成,它要完成键盘控制、液晶显示控制、温度采集、风速和风向的计算与处理等相应功能。

AT89C51 单片机最小系统包括时钟电路、复位电路、片外数据存储器 RAM62256、地址锁存器 74LS573 等。系统提供了给予 ZLG7289 键盘控制电路、液晶显示模块、A/D 转换等众多外围器件和设备的接口。在 AT89C51 引脚 X1 和 X2 之间跨接晶振 Y_1 和微调电容 C_1、C_2 构成了时钟电路。默认值是 12 MHz。系统时钟的脉冲由它提供，如图 1-57 所示。

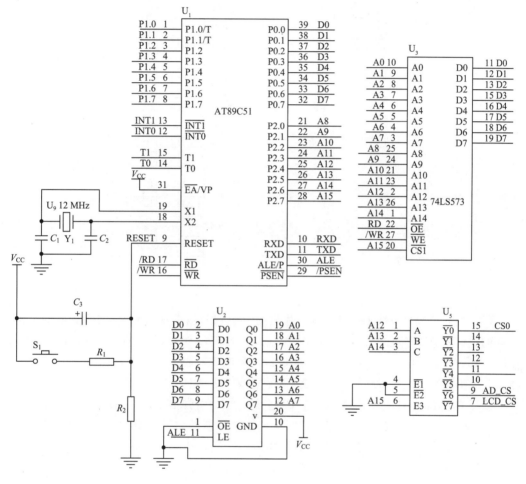

图 1-57 主控电路

系统板采用上电自动复位和按键手动复位方式。上电自动复位要求接通电源后，自动实现复位操作。按键手动复位要求在接通电源的条件下，在单片机运行期间，用按钮开关操作使单片机复位，上电自动复位通过外部复位电容 C_3 充电来实现。按键手动复位通过复位端经复位电阻和 V_{CC} 接通而实现。

系统板扩展了一片 32 KB 的数据存储器 RAM62256。数据线 D0～D7 直接与单片机的数据地址复用口 P0 相连，地址的低 8 位 A0～A7 则由 U_3 锁存器 74LS573 获得，地址的高 8 位则与单片机的 P2.0～P2.6 相连。片选信号则由地址线 A15（P2.7 引脚）获得，低电平有效。这样数据存储器占据了系统从 0X0000H～0X7FFFH 的 XDATA 空间。锁存器 U_2 用来锁存 P0 口送出的地址信号，它的片选信号 $\overline{OE}$ 接地，表示一直有效，其控制端 LE 接 ALE 信号，实现低 8 位地址信号的锁存。

由于 AT89C51 的输入输出端口有限、外设较多，因此采用 8255 芯片实现 I/O 口的扩展。8255 是能并行传送 8 位数据，具有三个通道、三种工作方式的可编程并行接口芯片。其与单片机的连接电路如图 1-58 所示。

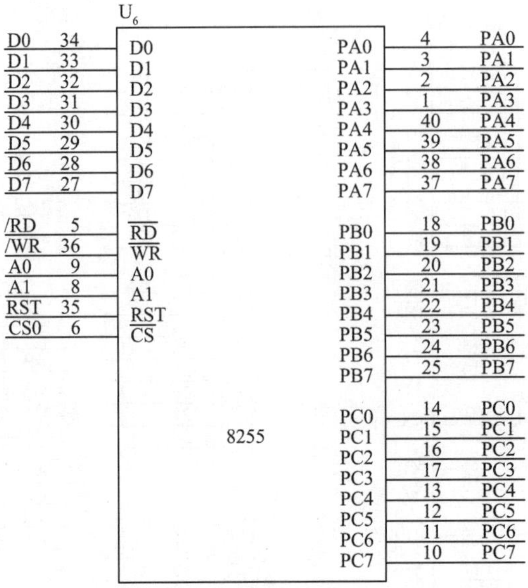

图 1-58 8255 与 AT89C51 连接图

8255 的 8 根数据总线 D0～D7 与单片机的 P0 口相连，实现与 CPU 之间数据的传输。8255 的地址线 AB 有两根 A0～A1。A0、A1 通过 74LS573 锁存器与 AT89C51 的 P0.0、P0.1 连接。A0、A1 取 00～11 值，可选择 A、B、C 口与控制寄存器。片选信号$\overline{CS}$由 P2.7～P2.4 经 138 译码器$\overline{Y0}$产生。若要 8255 有效，则$\overline{Y0}$有效，此时 P2.7P2.6P2.5P2.4＝1000。

8255 的读信号$\overline{RD}$与 AT89C51 的/RD 相连，当$\overline{CS}$引脚信号为 0，$\overline{RD}$引脚信号从 1 变为 0 时，由 8255 的 A1 及 A0 引脚信号所指定的缓存器的内容将被送到总线上。完成对 8255 读取数据的操作。写信号$\overline{WR}$与 AT89C51 的/WR 相连，当$\overline{CS}$引脚信号为 0，$\overline{WR}$引脚信号从 1 变为 0 时，8255 会将数据总线上的数据存入由 A1 及 A0 引脚信号所指定的内缓存器中。复位信号 RST 与 AT89C51 的 RST 引脚连接，RST 为 8255 的重置脚，高电平有效。8255 重置后会清除所有内部缓存器的值，并设定 A 端口、B 端口及 C 端口皆为输入模式。

8255 的 PA0 口与风向采集电路相连，用于风向信号的读取。

(2)键盘控制模块

键盘控制模块是通过按键实现系统参数的设定。本设计中采用周立功单片机发展有限公司自行设计的 ZLG7289 键盘接口电路进行处理，其电路原理图如图 1-59 所示。

单片机 AT89C51 的引脚 P1.3～P1.5 和 P3.2 分别接到 ZLG7289 的$\overline{CS}$、CLK、DATA、$\overline{KEY}$端。其中$\overline{CS}$为片选输入端，此引脚为低电平时，可向芯片发送指令及读取键盘数据。CLK 为同步时钟输入端，向芯片发送数据及读取键盘数据时，此引脚电平上升

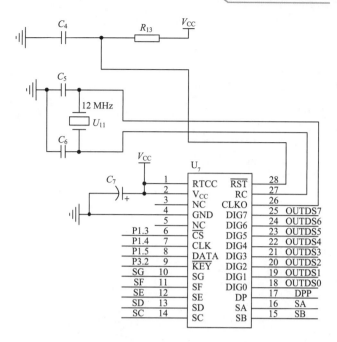

图 1-59 键盘控制电路

沿表示数据有效。DATA 为串行数据输入/输出端,当芯片接收指令时,此引脚为输入端;当读取键盘数据时,此引脚在读指令最后一个时钟的下降沿变为输出端。$\overline{\text{KEY}}$ 为按键有效输出端,平时为高电平,当检测到有效按键时,此引脚变为低电平。

若想增加按键,只需将 ZLG7289 的 18~23 引脚拉出,分别接到按键上即可。在按键电路中,应有下拉电阻,以提高驱动能力。ZLG7289 需要一个外接晶体振荡电路供系统工作,典型值为 $f_{osc}=12$ MHz,电容为 15 pF。ZLG7289 的 $\overline{\text{RST}}$ 复位端在一般应用情况下可以直接和 V_{CC} 相连,在需要较高可靠性的情况下,可以连接一外部复位电路或直接由微处理器控制。在上电或 $\overline{\text{RST}}$ 端由低电平变为高电平后,ZLG7289 要经过 10~15 s 的时间才会进入正常工作状态。ZLG7289 采用串行方式与微处理器通信,串行数据从 DATA 引脚送入芯片,并由 CLK 端同步。当片选信号变为低电平后,DATA 引脚上的数据在 CLK 引脚的上升沿被写入 ZLG7289 的缓冲寄存器。

(3)液晶显示模块

液晶显示采用 AXG12864,液晶显示模块使用 KS0108B 及其兼容控制驱动器(例如 HD61202)作为列驱动器,同时使用 KS0107B 及其兼容驱动器(例如 HD61203)作为行驱动器。由于 KS0107B(或 HD61203)不与 MPU 发生联系,只要提供电源就能产生行驱动信号和各种同步信号,可直接与 8 位微处理器相连,比较简单。与单片机的连接如图 1-60 所示。

(4)稳压电源模块

供电部分输入 220 V、50 Hz 的交流电,输出全机所需的三种电压:+5 V、+12 V、−12 V。电路原理图如图 1-61 所示。

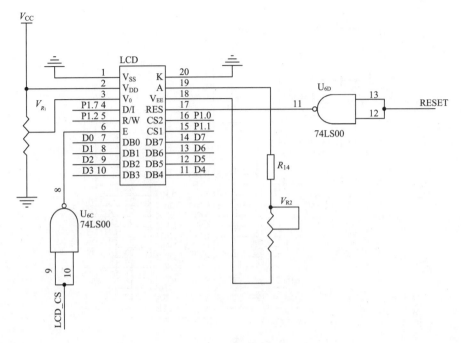

图 1-60 液晶显示电路

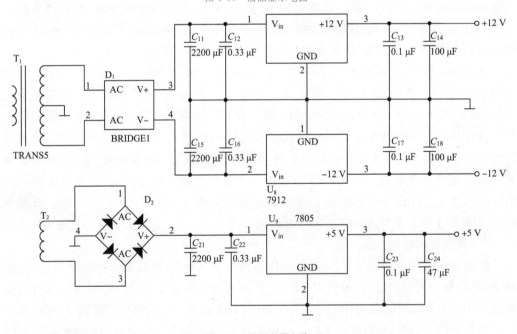

图 1-61 稳压电源电路

（5）气象要素采集部分

①温度采集模块

铂电阻是主要的工业用热电阻，其测温范围一般为－200 ℃～＋500 ℃。由于铂材料在空气中有高稳定性及良好的复现性等优点，是理想的热电阻材料。

PT100 铂热电阻的阻值随着温度的变化而变化，利用这一特点来采集温度信号，将采集到的信号转换成电压信号；再经过 A/D 转换成数字信号并由单片机系统读取；单片机系统把读取到的数字信号进行识别处理，并换算成与温度对应的数字信号，最后再由液晶显示器显示输出温度值。电路如图 1-62 所示。

图 1-62 中，R_{pt}、R_{19} 半桥的电流 I_1 是由串联调整恒流源提供的稳定电流，R_{pt}、R_{19} 半桥通过电压比较器 IC_{1B} 与 R_{21}、R_{22} 半桥相互隔离，使电流与 R_{21}、R_{22} 半桥的电流无关，但两半桥的电压相等（$U_{ac}=U_{ae}$）。IC_{1C} 与 IC_{1D} 组成两个电压跟随器，输入阻抗极高，可保证测量过程中两个半桥的电压和电流不受影响。铂电阻 R_{pt}，采用三线制接线方法连接，其中两个引线电阻 r 分别包括在 R_{pt}、R_{19} 支路中，另外一个引线电阻 r 与输入阻抗极高的放大器 IC_{1D} 相连接，所以这个引线电阻可忽略不计。其余电阻阻值满足 $R_{19}=R_0=80.3\ \Omega$，$R_{pt}=R_0+\Delta R$，$R_{21}=R_{22}$，$R_{23}=R_{24}=R$，$R_{W2}=R_F=KR$。K 为放大器 IC_B 的放大倍数。

经推导可以得出以下结论：

$$\Delta U=U_{bc}-U_{de}=1/2I_1\times\Delta R$$
$$U_0=\Delta U\times K=1/2I_1\times\Delta R\times K=K'\times\Delta R=K'(R_{pt}-R_{pt\,100})\tag{1-1}$$

由式（1-1）可见，通过测量 U_0 就可知铂电阻的变化阻值 ΔR，而且 U_0 和 ΔR 之间具有线性关系，完全消除了传统的不平衡电桥的非线性误差，同时电桥输出电压 U_0 的表达式中不包括引线电阻 r，只要相邻桥臂中连接的两条长导线的材料、截面积、长度以及工作环境相同，在电桥的任何工作状态下，都能完全消除引线电阻以及温漂对电桥输出电压 ΔU 的影响，而且由于后一级放大器 IC_A 的使用，大大抑制了共模干扰信号对电桥输出电压的影响。

改变 R_{W1} 的阻值就可改变电桥的平衡点，将 R_{W1} 调整到热电阻 $-50\ ℃$ 温度对应的阻值，就可以改变热电阻测量的零点温度，使输出电压为 0 V。并且，在该电路中，通过改变 R_{W1} 的阻值就可以使用不同分度号的热电阻，使电路具有很强的通用性和灵活性。

②风速和风向采集模块

本设计中采用 ZQZ-TF 型测风传感器，该传感器由风速传感器和风向传感器组成。风杯由特种工程塑料注塑成型，风向标尾翼板采用质量轻、强度高、刚性好且在高温高压条件下成型的非金属材料制造。该传感器具有动态特性好、线性好、精度高、灵敏度高、抗风强度大、测量范围宽、互换性好、电路寿命长、工作可靠、抗雷电干扰能力强等多种优良性能。适用于测量近地面层的大气水平风速。

风速传感器的感应元件为三杯式回转架，信号变换电路为霍尔开关电路。在水平风力作用下，风杯组旋转，通过主轴带动磁棒盘旋转，其上的 36 只磁体形成 18 个小磁场，风杯组每旋转一圈，在霍尔开关电路中就感应出 18 个脉冲信号，其频率随风速的增大而线性增加。其校准方程为：$V=0.1\,F$，其中 V 为风速，单位为米/秒，F 为脉冲频率，单位为赫兹。

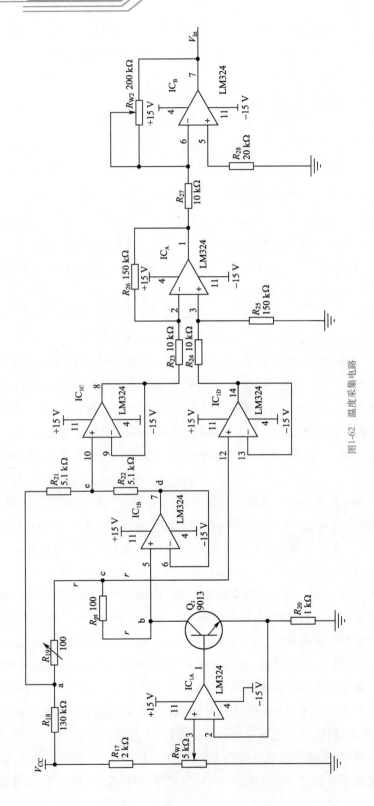

图1-62 温度采集电路

　　风向传感器的感应元件为风向标组件。角度变换采用格雷码盘加光电电路的方式。当风向标组件随风向旋转时,带动主轴及码盘一同旋转,每转动 2.8125°,位于光电器件支架上下两边的七位光电变换电路就输出一组新的七位并行格雷码,经整形电路整形并反相后输出。格雷码与二进制码对照关系见表 1-5。

表 1-5　　　　　　　　　　　　　格雷码与二进制码对照表

N	B 码				G 码			
0	0	0	0	0	0	0	0	0
1	0	0	0	0	0	0	0	1
2	0	0	1	0	0	0	1	1
3	0	0	1	1	0	0	1	0
4	0	1	0	0	0	1	1	0
5	0	1	0	1	0	1	1	1
6	0	1	1	0	0	1	0	1
7	0	1	1	1	0	1	0	0
8	1	0	0	0	1	1	0	0
9	1	0	0	1	1	1	0	1
A	1	0	1	0	1	1	1	1
B	1	0	1	1	1	1	1	0
C	1	1	0	0	1	0	1	0
D	1	1	0	1	1	0	1	1
E	1	1	1	0	1	0	0	1
F	1	1	1	1	1	0	0	0

以四位代码为例,由格雷码与二进制码的对照表导出两种代码相互转换的逻辑表达式。

B 码→G 码逻辑表达式:

$B_4 = G_4$

$B_3 = B_4 \oplus G_3$

$B_2 = B_3 \oplus G_2$

$B_1 = B_2 \oplus G_1$

G 码→B 码逻辑表达式:

$G_4 = B_4$

$G_3 = B_4 \oplus B_3$

$G_2 = B_3 \oplus B_2$

$G_1 = B_2 \oplus B_1$

　　根据二进制格雷码转换成自然二进制码的法则,可以得到如图 1-63 所示电路图。

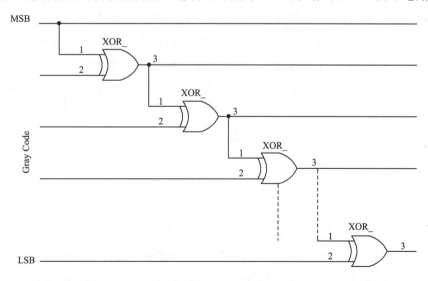

图 1-63　格雷码转换电路图

(6)A/D 转换模块

本模块采用 TLC2543 A/D 转换芯片,它是 TI 公司生产的 12 位串行模数转换器,使用开关电容逐次逼近技术完成 A/D 转换过程。由于是串行输入结构,能够节省 51 系列单片机 I/O 资源;且价格适中,分辨率较高,因此在仪器仪表中有着较为广泛的应用。其原理图如图 1-64 所示。

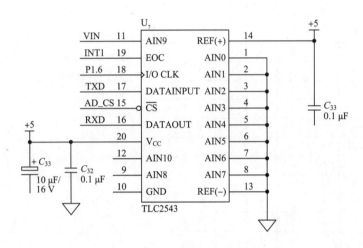

图 1-64 A/D 转换电路

如图 1-64 所示,AIN0～AIN10 为模拟量输入端。11 路输入信号由内部多路器选通。对于 4.1 MHz 的 I/O CLK,驱动源阻抗必须小于或等于 50 Ω,而且要用 60 pF 电容来限制模拟输入电压的斜率。$\overline{CS}$为片选端,由 P2.7、P2.6、P2.5、P2.4 经 74LS138 译码器译码后产生,要使$\overline{CS}$有效,则/Y6 必须为低电平,因此 P2.7、P2.6、P2.5、P2.4＝1110,在$\overline{CS}$端由高变低时,内部计数器复位,由低变高时,在设定时间内禁止 DATA INPUT 和 I/O CLK。DATA INPUT 为串行数据输入端,与单片机的 TXD 串行输出端相连,由 4 位的串行地址输入来选择模拟量输入通道。DATA OUT 为 A/D 转换结果的三态串行输出端,与 89C51 的 RXD 串行输入端连接,当$\overline{CS}$为高时处于高阻抗状态,$\overline{CS}$为低时处于激活状态。EOC 为转换结束端,在最后的 I/O CLK 下降沿之后,EOC 从高电平变为低电平并保持到转换完成和数据准备传输为止。I/O CLK 为输入/输出时钟端,与单片机的 P1.6 连接。I/O CLK 接收串行输入信号并完成:在 I/O CLK 的前 8 个上升沿,8 位输入数据存入输入数据寄存器;在 I/O CLK 的第 4 个下降沿,被选通的模拟输入电压开始向电容器充电,直到 I/O CLK 的最后一个下降沿为止;将前一次转换数据的其余 11 位输出到 DATA OUT 端,在 I/O CLK 的下降沿时数据开始变化;I/O CLK 的最后一个下降沿,将转换的控制信号传送到内部状态控制位。REF(＋)、REF(－)是 TLC2543 正负基准电压端。这个差分电压值建立了模拟输入的上限和下限以分别产生满度和零度读数。

TLC2543 可以用四种传输方法得到全 12 位分辨率,每次转换和数据传递可以使用 12 或 16 个时钟周期。一个片选($\overline{CS}$)脉冲要插到每次转换的开始处,或是在转换时序的开始处变化一次后保持$\overline{CS}$为低,直到时序结束。

(7)报警模块

当温度、风速出现异常时,单片机 P3.0 口会输出一个高电平,在经过 VT_1 三极管与电阻 R_1、R_2 构成的简易放大电路进行信号放大后再送给蜂鸣器,推动蜂鸣器发出报警声。报警电路的设计如图 1-65 所示。

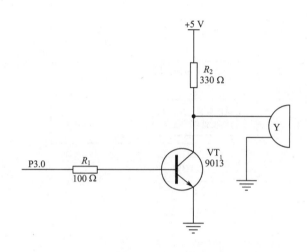

图 1-65　报警电路

4.软件的设计

软件总体设计主要完成各部分的软件控制和协调。软件设计是用软件编程的方法来完成硬件电路设计的,主要指针对包含可编程逻辑器件、单片机等大规模集成芯片的电路。

软件设计的主要内容包括细化流程图中各模块的功能;确定算法、进度等;编写程序清单;修改程序。在进行软件设计时,一般先根据产品需要,确定框架,划分模块,确定输入输出接口;再确定每个模块的算法;然后用流程图画出程序流向;再根据选定的编程语言,编程与调试,生成可执行文件;最后确定人机交互界面。

本系统主程序模块主要完成的工作是对系统的初始化,包括扫描键盘和液晶的初始化,A/D 转换的启动、发送显示数据,同时对键盘进行扫描,等待外部中断。

(1)主程序流程图

主程序的流程图如图 1-66 所示。

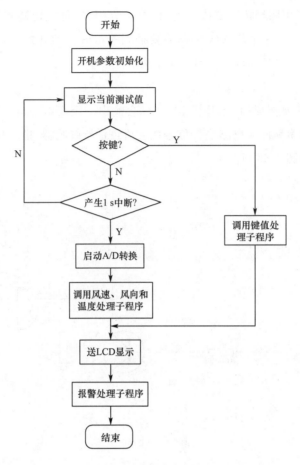

图 1-66 主程序流程图

（2）按键处理子程序

按键处理子程序流程图如图 1-67 所示。

①按修改键"A"，显示上一次设定参考值，如显示"最高温度：30"，并且呈反显状态，可以对设定参数进行修改。若再次按"A"键，光标下移，下一行也呈反显状态。

②按数字键"0"～"9"，输入新的设定值 T_s，右移显示。

③按确认键"B"，保存新的设定参数，并显示当前测量值；隐含表示只有按确认键"A"后，才能显示当前温度值（编程备注"C、D、E、F"键为无效键，任何时候按下都无效；只能显示数字键"0"～"9"，不能显示修改键、确认键和无效键；只有按了确认键"B"后，修改键"A"才有效；只有按了修改键"A"后，数字键"0"～"9"才有效）。

（3）数据处理子程序

温度：设转换量 $D=4095$ 时，输出温度为 $+50$ ℃；转换量 $D=0$ 时，输出温度为 -50 ℃。则输出温度：$T=100D\div(2^{12}-1)-50$，子程序流程图如图 1-68 所示。

风速：设 1 s 测得的脉冲个数为 X，即脉冲频率为 F，根据其原理得到风速：$V=0.1F$，子程序流程图如图 1-69 所示。

风向：由软件通过查表的方法实现，设方位—角度码表首地址为 CODE，子程序流程图如图 1-70 所示。

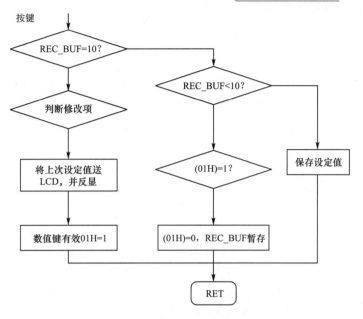

图 1-67 按键处理子程序流程图

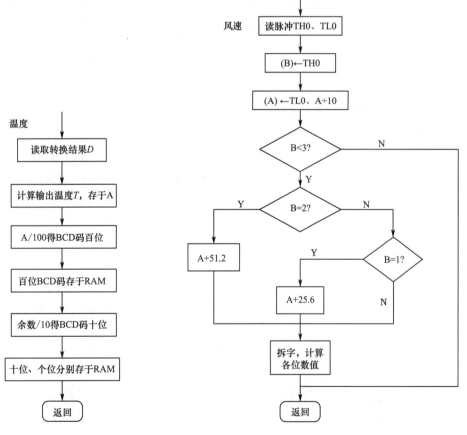

图 1-68 温度处理子程序流程图   图 1-69 风速处理子程序流程图

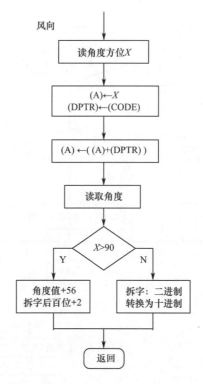

图 1-70　风向处理子程序流程图

1.3.1.2　温度控制仪整体设计

1. 电路整体结构设计

本项目要设计一个温度控制仪。通过热敏电阻感知温度,并通过控制单元显示。同时,通过 ZLG7289 键盘显示接口,可以从键盘输入设定温度值并保存。控制单元将感知到的温度与设定温度进行比较,通过温度的高低不同来控制外部控制电路的工作状态。温度控制仪结构框图如图 1-71 所示。

2. 信号产生电路设计

本方案通过热敏电阻将温度的变化转变为电阻的变化,将热敏电阻接入电路,从而导致电流或电压的变化,这些变化的电流或电压就是我们要的信号。信号产生电路图如图 1-72 所示。

热敏电阻是一种新型半导体感温元件,由于它具有灵敏度高、体积小、质量轻、热惯性小、寿命长以及价格便宜等优点,因此应用非常广泛。热敏电阻与普通电阻不同,它具有负的电阻温度特性,当温度升高时,电阻值减少。热敏电阻特性曲线图如图 1-73 所示。

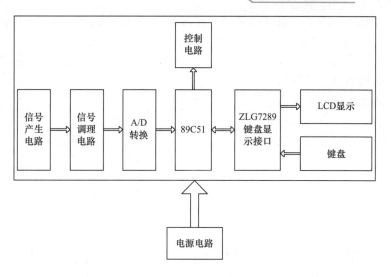

图 1-71　温度控制仪结构框图

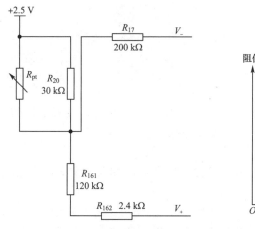

图 1-72　信号产生电路图

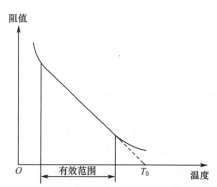

图 1-73　热敏电阻特性曲线

热敏电阻的阻值-温度特性曲线是一条指数曲线,线性度差。因此,在使用时要进行线性化处理。线性化处理虽然能改善热敏电阻的特性曲线,但比较复杂。因此,在要求不高的应用系统中,在一定的温度范围内,常常把温度与阻值看成是线性的关系,以简化计算和系统设计。使用热敏电阻是为了感知温度,给热敏电阻通以恒定的电流,电阻两端就可以测到一个电压,通过下面的公式就可以计算出温度值:

$$T = T_0 - K U_T$$

式中　T——被测温度;

　　　　T_0——与热敏电阻特性有关的温度系数;

　　　　K——与热敏电阻特性有关的系数;

　　　　U_T——热敏电阻两端的电压。

根据这一公式,如能测得热敏电阻两端的电压,再知道系数 T_0 和系数 K,则可以计算出热敏电阻的环境温度,也就是被测的温度。这样,就把电阻随温度的变化关系转化为电压随温度变化的关系了。温度测量的主要内容,就是把热敏电阻两端电压值经 A/D 转换变成数字量,然后通过软件方法计算出温度值,再进行显示处理。

将测量的结果与键盘的设定值进行比较,根据比较的结果,通过光耦控制继电器输出。这是最常用的开关量控制方法。

3. 信号调理电路设计

前面说过,信号调理电路的任务是将前置电路输出的电信号进行转换,使之成为满足计算机、单片机或 A/D 输入要求的标准电信号。本方案信号调理电路如图 1-74 所示。

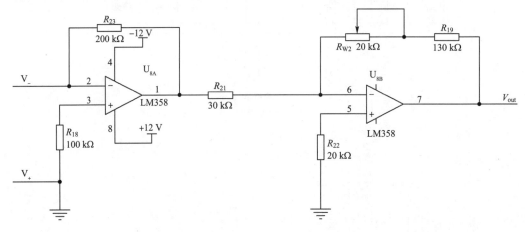

图 1-74　信号调理电路

本方案通过将信号产生电路输出的 V_- 与 V_+ 分别接入两级运算放大电路的反向与正向端,最终使信号调理电路输出电压 V_{out} 与温度呈线性关系。

4. 控制电路设计

本方案采用 89C51 单片机作为主控芯片,通过 ADC0809 将信号调理电路的输出电压 V_{out} 采集并显示在 LCD 上。

ADC0809 是一个具有 28 个引脚的 A/D 转换芯片,其作用是将 8 路模拟量分时地转换成 8 位数字量。ADC0809 与 89C51 单片机连接时可以有两种连接方式。

8 条数据线直接与单片机端口相连。控制线 START 和 ALE、OE、EOC 均由单片机引脚控制。在系统总线扩展方式下,通常 CPU 都有单独的地址总线、数据总线和控制总线,例如 Intel 8086,而 8051 系列单片机由于受到引脚的限制,数据线与地址线是复用的。为了将它们分离开来,必须要在单片机外部增加地址锁存器,构成与一般 CPU 相类似的三总线结构。采用系统总线扩展方式控制 ADC0809 的电路。

本方案采用的就是第二种连接方式,单片机访问 ADC0809 时,只要 P2.0 有效即可,所以可以得到访问地址是 0x7ff8,其控制电路设计如图 1-75 所示。

5. 显示键盘接口电路设计

本方案采用串行显示键盘接口芯片 ZLG7289,ZLG7289 是广州周立功单片机发展有限公司自行设计的,具有 SPI 串行接口功能的,可同时驱动 8 位共阴极数码管(或 64 只独立 LED)和 64 个键的键盘显示接口芯片,单片即可完成 LED 显示、键盘接口的全部功能。

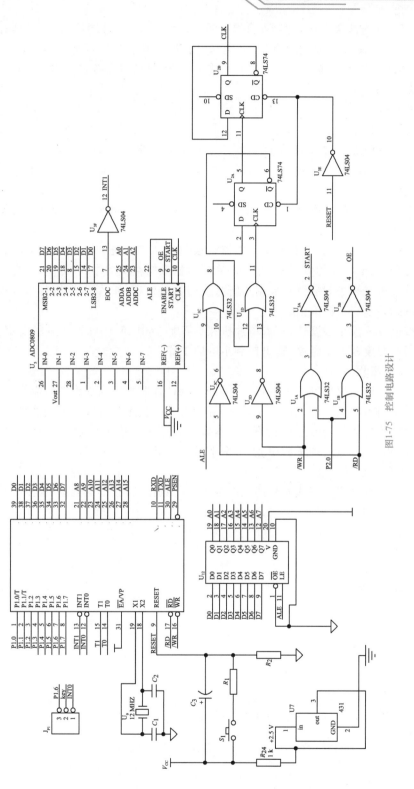

图1-75 控制电路设计

ZLG7289 内部含有译码器,可直接接受 BCD 码或十六进制码,并同时具有两种译码方式。此外,还具有多种控制指令,如消隐、闪烁、左移、右移、段寻址等。ZLG7289 具有片选信号,可方便地实现多于 8 位的显示或多于 64 键的键盘接口。本方案显示键盘接口电路如图 1-76 所示。

6. 软件设计

温度控制仪是基于单片机控制的智能电子产品,需要通过软件来实现相应的功能。软件设计与调试工作过程如图 1-77 所示。在设计与调试过程中,参照工作计划开展工作。工作中碰到的问题可通过小组讨论、在线答疑等方式解决,同时要认真填写好记录。

(1)软件编写思路

软件设计应根据温度控制仪的信号处理流程来进行。温度控制仪的信号测量与处理过程分为三个阶段:

①在单片机的控制下,经温度传感器转换的电压信号通过信号调理电路,送 A/D 转换电路处理,输出相应的数字量,并存入到单片机数据存储器中。

②单片机对采集到的测量数据进行必要的数据处理,如数字滤波、标度变换等。并驱动显示电路显示当前温度值。

③按键输入设定温度值,存入单片机数据存储器中,单片机驱动显示设定温度值,同时比较当前温度和设定温度,输出控制小电扇工作。

(2)软件流程图

根据温度控制仪信息处理流程,为了方便调试程序和提高程序的可靠性,程序设计采用自上而下、模块化、结构化的程序设计方法,将系统程序分解成几个功能模块,每个功能模块实现某个具体的功能且相互独立。本系统程序按功能模块划分的程序主要有:主程序、显示子程序、键盘处理子程序、A/D 转换子程序等。

(3)主程序设计

单片机主程序主要完成对检测到的数据进行数据处理、键值处理、显示处理等。主程序的流程图如图 1-78 所示。

主程序:

```
# include <reg51.h>                        //头文件
# include "ZLG7289.h"                       //自定义头文件
# include "delay.h"
# include "ADC0809.h"
void key_pro(uchar key1);                   //键值处理
sbit LED=P1^0;

uchar msant=0,adcnt=0;
uchar shi=1,ge=2,temp_cur,temp_set=12;
uchar middle(uchar a,uchar b,uchar c);
uchar abc[3];

bit bshi=1;                                 //标志位
```

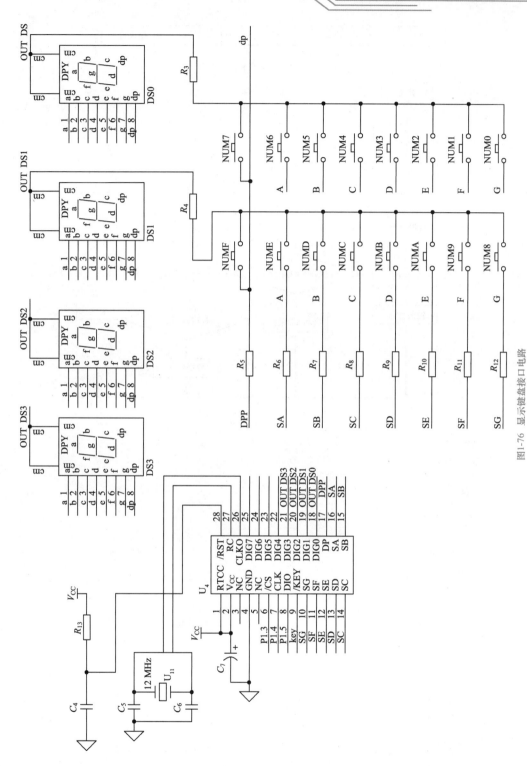

图1-76 显示键盘接口电路

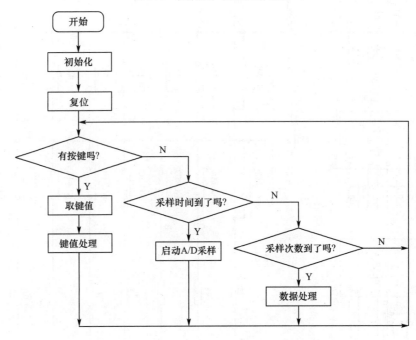

图 1-77 软件设计与调试工作过程

图 1-78 主程序流程图

```
bit bdet=0;
bit bkey=0;
bit bls=0;
bit bpro=0;
void main(void)                          //主函数
{
    uchar sampv;
    uint sampv1,sampv3;
    double sampv2;
    uchar keyv;
    send_one(0xa4);                      //初始化
    send_two(0x90,0x4f);
    IT0=1;
    EX0=1;
    IT1=1;
    EX1=1;
    TMOD=0x10;
    TH1=(65535-50000)/256;
    TL1=(65535-50000)%256;
    TR1=1;
    ET1=1;
```

```
      EA=1;
  while(1)                                   //主循环
  {
      if(bkey)                               //有无按键?
      {
         bkey=0;
         keyv=key_get();                     //取键值
         key_pro(keyv);                      //键值处理
         EX0=1;
      }
      if(b1s)                                //采样时间到了?
      {
         b1s=0;
         IN1=0;                              //启动 A/D 采样
      }
      if(bpro)                               //采集三次?
      {
         bpro=0;
         sampv=middle(abc[0],abc[1],abc[2]); //数字滤波
         sampv1=sampv * 100;                 //标度转换
         sampv2=sampv1/51;
         sampv3=(int)sampv2;
         temp_cur=sampv3/10;
         send_two(0x83,sampv3/100);          //送显示
         send_two(0x82,((sampv3 % 100)/10+0x80));
         send_two(0x81,sampv3 % 10);
         send_two(0x90,0x4f);
         if(temp_cur<temp_set)               //比较控制
            LED=1;
         else
            LED=0;
      }
   }
}
```

1.3.2 项目实现:家用电子秤电路设计

1.设计要求

本项目设计一台家用电子秤,要求能正确称出 0～1000 g 物品的重量,有"＋""－"显示,精度为 1 g,有自我校正、去皮、超重报警功能。

2.部分设计范例

电阻应变片传感器将重量转换成微小的电压信号,然后双端输入 OP07 进行放大。将放大后的电压信号送入 TM7705 进行 A/D 转换。再将转换后的数字量送给单片机处理,数据处理后送数码管显示,利用按键实现自我校正功能和去皮功能。总体设计框图如图 1-79 所示。

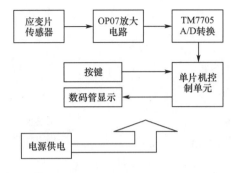

图 1-79 总体设计框图

(1)核心电路设计

核心电路主要包括单片机控制单元、键盘显示电路,A/D 转换电路,信号调理电路等。

①单片机控制单元、键盘显示电路

由于需要多位显示,并且单片机 I/O 端口有限,因此显示采用动态扫描方式,利用两片 74HC573 芯片锁存显示数据。键盘采用查询方式,当有电平变化时进行相应键值处理。报警电路利用三极管 9013 的导通与截止来实现对蜂鸣器的控制。单片机控制单元与键盘显示电路如图 1-80 所示。

②TM7705 A/D 转换电路

TM7705 是应用于低频测量的 2/3 通道的模拟前端。该器件可以接受直接来自传感器的低电平的输入信号,然后产生串行的数字输出。利用 Σ-Δ 转换技术实现了 16 位无丢失代码性能。选定的输入信号被送到一个基于模拟调制器的增益可编程专用前端。片内数字滤波器处理调制器的输出信号。通过片内控制寄存器可调节滤波器的截止点和输出更新速率,从而对数字滤波器的第一个陷波进行编程。

TM7705 片内包括 8 个寄存器,这些寄存器通过器件的串行口访问。外接晶振向芯片提供工作频率,C_{17}、C_{16} 滤出电源对芯片的噪声。SCLK、DIN、DOUT、DRDY 接单片机的控制端口。REFIN 接 2.5 V 基准电压,模拟量采用单极性反相输入。A/D 转换电路如图 1-81 所示。

③信号调理电路——应变片放大电路

如图 1-82 所示,左侧应变片简图 W 为可变电阻,该桥路中 2 脚输出为 2.5 V,R_4、R_5 中间电位为 +5 V,分压电位为 +2.5 V。所以 OP07 的 3 脚电位是 $U_n = +2.5$ V,J2 输出 3 脚电位 U_p。输出电压 U_o 取决于 U_p 与 U_n 的大小。

④软件设计

根据要求,接通电源,打开开关,显示器显示"F-0"到"F-9"后稳定一段时间后出现"0"。按"校正"(CAL)键,显示窗显示"C-1000"进入自动校正状态,放上标准 1000 g 砝码,待稳定后天平自动显示"+1000",校正即告完毕,可进行正常称重。如按校正键,显示窗显示"C-F",则零点不稳定,可重新按"去皮"键使显示回到零点,再按"校正"键进行校正。

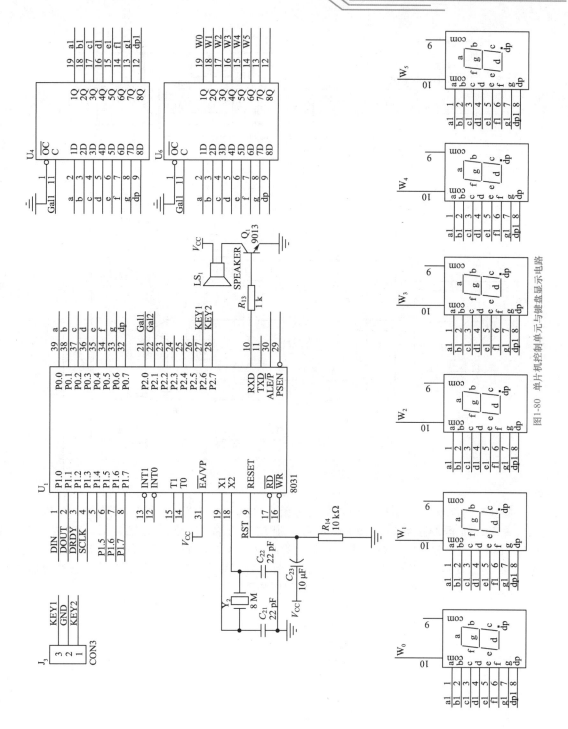

图1-80 单片机控制单元字键盘显示电路

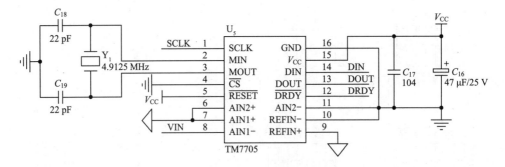

图 1-81 A/D 转换电路

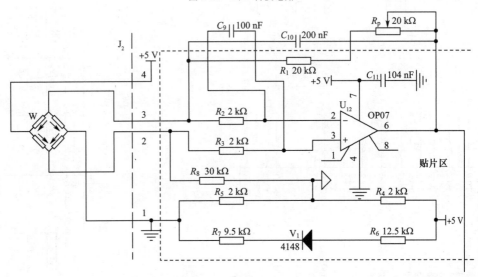

图 1-82 应变片放大电路

如被称物件重量超出天平的称量范围,天平将显示"F-H"以示警告,蜂鸣器 LS_1 应发出报警声。如需去除器皿皮重,则先将器皿放于称台上,待示值稳定后,按"去皮"(TARE)键,天平显示"0",然后将需称重的物品放于器皿上,此时显示的数字为物品的净重,拿掉物品及器皿,天平显示器皿重量的负值,仍按"去皮"键使显示回到"0"。连续增加重量测量 0~1000 g,称重正确。主程序流程图如图 1-83 所示。

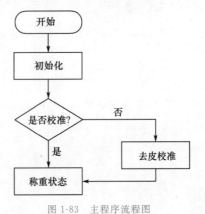

图 1-83 主程序流程图

1.4 项目评价

项目评价见表1-6。

表 1-6   项目评价

序号	考核内容	配分	评分标准	得分	备注
1	电子秤总体结构方案	10	整体结构中缺少完成功能项或不正确,每项扣2分		
2	各单元电路设计	60	各单元电路选择不正确,每个单元电路扣5分		
			各单元电路连接不正确,每处扣2分		
			各单元电路器件参数选择不正确或不合理,每处扣2分		
3	软件设计	30	主程序框图缺项或不正确,每处扣2分		
			子程序框图每错一个,扣1分		
			编写程序,教师每指导一次,扣2分		

项目2　电子产品印制电路板设计

2.1　项目描述

2.1.1　项目说明

电子产品电路设计完成后,便要进行印制板设计。印制板设计是指根据规定的尺寸,依据印制板设计要求,将设计电路转化成印制电路的过程。本项目以温度控制器为例讲述了印制板设计软件的使用方法、印制板的布局原则、印制导线的走向工艺、焊盘的布设规范、抗干扰设计原则。通过学习绘制温度控制仪原理图和印制板图,培养学生的印制板设计能力,并使其能自主绘制温度控制仪的印制电路板。

2.1.2　项目目标

1.知识目标

(1)熟悉 Protel 等绘图软件的使用方法;

(2)掌握印制板整体布局原则;

(3)掌握元器件布局原则;

(4)掌握焊盘设计规范;

(5)掌握印制导线走线原则;

(6)掌握元器件封装的设计方法;

(7)熟悉印制板抗干扰设计原则。

2.技能目标

(1)能正确新建电路原理图设计库、电路原理图文件和印制电路板文件;

(2)能正确新建原理图元件库文件和 PCB 元件封装库文件;

(3)能正确绘制原理图自制元件和 PCB 自制元件封装;

(4)能按规范绘制原理图,生成网络表;

(5)能按规范设计印制电路板,自动布线,手动调整、编辑和整理印制板上的元器件、焊盘和导线;

(6)能根据电气规则检查(ERC)结果来修改原理图文件;

(7)能根据设计规则检查(DRC)结果来修改印制电路板文件;

(8)能正确生成和打印原理图和印制电路板的常用报表文件。

2.2　项目知识准备

2.2.1　印制电路板设计的内容及步骤

印制电路板(简称印制板)是实现电子整机产品功能的主要部件之一,是整机设计中的重要环节。印制电路板主要由绝缘基板、印制导线和焊盘组成。

绝缘基板是印制电路的承载体,起承载印制导线、焊盘、元器件的作用,因此需要一定的强度、绝缘性。印制导线是根据电原理图建立起来的、一种用以实现元器件间连接的、附着在绝缘基板上的铜箔导线,起连接作用,由于需要承载一定的电流,所以需要有宽度、导电性要求。焊盘是用以实现元器件引脚与印制导线连接的结点。一个元器件的某个引脚通过焊盘与某段铜箔导线的一端连接,另一个元器件的某个引脚通过另一个焊盘与该段铜箔导线的另一端相连,这段铜箔导线就将两个元器件的引脚连接起来了。

1. 印制板设计的内容

印制板设计的主要任务是根据生产条件和设计人员的意图,将电路原理图转换成印制图形。印制电路板的设计包括绝缘基板的选择、印制线路的绘制和焊盘设计三大内容,具体内容包括:

(1)选择印制板材质、确定机械结构;

(2)元器件位置尺寸和安装方式的确定;

(3)选择印制电路板对外的连接方式;

(4)确定印制导线的宽度、间距以及焊盘的直径和孔径;

(5)设计印制导线的走线方式。

2. 印制板设计的步骤

由于计算机水平的迅速发展,印制电路板设计大多采用计算机辅助设计,常用的软件包括 Protel、Altium Designer、P-CAD、OrCAD、PADS PCB 等,设计一个完整的印制电路板主要需经过以下几个步骤:

(1)依据相关标准,参考有关技术文件,依据生产条件和技术要求,确定印制电路板的尺寸、层数、形状和材料,确定印制电路板坐标网格的间距。

(2)确定印制电路板与外部的连接方式,确定元器件的安装方法,确定插座和连接器件的位置。

(3)考虑一些元器件的特殊要求(元器件是否需要屏蔽、需要经常调整或更换),确定元器件尺寸、排列间隔和制作印制电路板图形的工艺。

(4)根据电原理图,在印制电路板规定尺寸范围内,布设元器件和导线,确定印制导线的宽度、间距以及焊盘的直径和孔径。

(5)生成设计好的 PCB 图文件,提交给印制电路板的生产厂家。

2.2.2　印制电路板基板材料和种类的选择

1. 基板材料的选择

选择基板材料首先必须考虑到基板材料的电气特性,即基材的绝缘电阻、抗电弧性、击穿强度;其次要考虑基板的机械特性,即印制电路板的抗剪强度和硬度。另外还要考虑价格和制造成本。

用于制造印制板的基板材料品种有很多,但大体上可分为两大类:有机类基板材料和无机类基板材料。市场上常见的有机类电路基板分为环氧玻璃纤维基板和非环氧树脂基板。环氧玻璃纤维基板既可以用于制作单面 PCB,也可以用于制作双面和多层 PCB。非环氧树脂基板又可分为酚醛树脂纸基板、聚四氟乙烯玻璃纤维基板、聚酰亚胺树脂玻璃纤维基板。酚醛树脂纸基板仅用于单面和双面印制板,在民用电子产品中被广泛使用。聚四氟乙烯玻璃纤维基板可用于高频电路中;聚酰亚胺树脂玻璃纤维基板可作为刚性或柔性电路基板材料。无机类基板主要是陶瓷基板和瓷釉包覆钢基板。陶瓷基板主要用于厚、薄膜混合集成电路、多芯片微组装电路,瓷釉包覆钢基板常用作数码产品的高速电路基板。

2.印制电路板种类的选择

印制电路板的种类较多,按其结构常见的印制电路板可分为单面印制电路板、双面印制电路板、多层印制电路板、软印制板和平面印制板。

单面印制电路板主要应用于电子元器件密度不高的电子产品中,如收音机等,比较适合于手工制作。双面印制电路板的布线密度较高,所以能减小电子产品的体积,适用于电子元器件密度比较高的电子产品,如电子仪器和手机等。多层印制电路板可以大大减小产品的体积与重量,可以把同类信号的印制导线布设在同一层,提高抗干扰能力,还可以增设屏蔽层,提高电路的电气性能,对于复杂电路和大规模集成电路较多的电路一般采用多层印制电路板。软印制板也有单层、双层及多层之分,被广泛应用于电子计算机、通信和仪表等电子产品中。平面印制板通常用于转换开关、电子计算机的键盘等。

2.2.3 印制电路板的板厚和外形尺寸确定

1.板厚

印制板板厚一般根据承载元器件的重量大小来确定,如果只在印制电路板上装配集成电路、小功率晶体管、电阻和电容等小功率元器件,在没有较强的负荷振动条件下,可选用厚度为 1.5 mm(尺寸在 500 mm×500 mm 之内)的印制电路板。对于尺寸很小的印制电路板,如计算器、电子表等,可选用更薄一些的敷铜箔层压板来制作。如果印制板面较大或需要支撑较大强度负荷,则应选择 2~2.5 mm 厚的板。

印制板厚度优先选取 0.5 mm、0.7 mm、0.8 mm、1 mm、1.5 mm、1.6 mm、2 mm、2.2 mm、2.3 mm、2.4 mm、3.2 mm、4.0 mm、6.4 mm 等标准尺寸。

2.印制电路板尺寸

印制电路板的尺寸与整机结构、内部空间位置、印制电路板的加工装配方式有密切关系,所以设计印制板尺寸时,既要考虑整机的内部结构和板上元器件的数量、尺寸及安装、排列方式,还要考虑为自动化组装时可能用到的通用化、标准化的工具和夹具留足空间余量。重点应注意以下几方面:

(1)印制板的宽厚比 Y/Z 一般小于 150、单板长宽比 X/Y 一般小于 2。从生产角度考虑,印制板的宽一般为 200~250 mm;长一般为 250~350 mm。当印制板长边尺寸小于 125 mm,或短边尺寸小于 100 mm 时,一般需要采用拼板的方式,把印制板转换为符合生产要求的尺寸。如图 2-1 所示为小板拼板示意图。

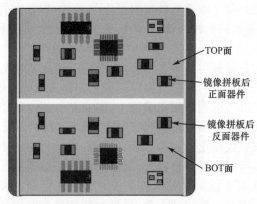

TOP面

镜像拼板后
正面器件

镜像拼板后
反面器件

BOT面

图 2-1 小板拼板

（2）印制板上有特殊布线或元器件时，需要留足尺寸余量。例如应为高压电路留有足够的空间，要为发热元器件预留安装散热片的空间，等等。

（3）印制板净面积确定以后，各边还应当向外扩出一定的余量，以防整机安装固定后，印制板的印制线路和元器件与壳体相碰。

（4）如果印制板的面积较大、元器件较重或在震动环境下工作，应该采用边框、加强筋或多点支撑等形式加固。

3. 印制板的外形

印制电路板的形状由整机结构和内部空间位置的大小决定。外形一般为矩形，不建议采用不规则形状的印制板。对于小板和不规则形状的印制板，设计时应采用工艺拼板的方式将小板转换成大板，将不规则形状的 PCB 板转换为矩形形状，如图 2-2 所示。

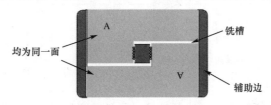

图 2-2 印制板拼板

对于成品印制板，一般要求印制板的四个角为圆角，PCB 外形示意图如图 2-3 所示。圆角的最小尺寸半径为 $R = 1$ mm。

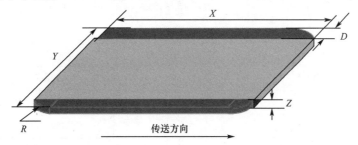

图 2-3 PCB 外形示意图

由于自动化生产中，一般由履带带动印制板移动，为保证插件、贴片和焊接传送过程中的稳定性，便于夹具夹持印制板，作为印制板的传送边的两边应分别留出大于 3.5 mm（138 mil）的宽度作为传动工艺边，如图 2-3 所示。

2.2.4 印制电路板元器件布局

印制板元器件布局是指元器件合理地布局在规定尺寸的印制板上。由于印制板上元器件的布局合理程度直接影响电子产品整机的技术性能指标，排版布局不合理，可能引起电、磁、热等多种干扰，所以元器件布局是设计印制板的关键步骤。元器件在印制板上的布局并不是简单地按照电路原理图把元器件布设到印制板上，还应考虑对外连接方式、如何抑制干扰等。

1. 元器件的选用原则

（1）为了优化工艺流程，提高产品档次，在市场可提供稳定供货的条件下，应尽可能选用表面贴装元器件（SMD/SMC）。

（2）为了简化工序，对连接器类的机电元件，元件体的固定（或加强）方式应尽可能选用压接安装结构，其次选择焊接型、铆接型的连接器，以便高效率装配。

（3）表面贴装连接器引脚形式应尽可能选用引脚外伸型，以便返修。

（4）选择元件时必须考虑其耐温限度和耐温时间等参数，图 2-4 所示为相关工序的温度和时间，以供参考。

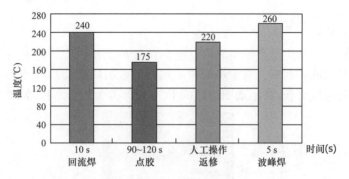

图 2-4　各工序温度和时间图

（5）选择元件时必须考虑生产线各工序对元件的高度限制，表 2-1 是关键工序对贴片元器件高度的限制。

表 2-1　　　　　　　　关键工序对贴片元器件高度的限制

工序	TOP 面（A 面）	BOT 面（B 面）
波峰焊接	N/A	6 mm
贴片	14 mm（含板厚）	
自动光学检测 AOI	25 mm	50 mm
在线测试 ICT	15 mm	3 mm
飞针测试	20 mm	20 mm

2. 印制板布局的通用要求

（1）首先确定一些特殊元器件的位置；

（2）元器件布设要整齐美观；

（3）元器件间应注意留有空隙；

（4）同类型元器件布局方向应尽可能一致；

（5）应注意元器件的散热；

（6）元器件布局应注意减少电磁干扰；

（7）布局时应注意重心稳定；

（8）应尽量设计成双面或多层印制板。

3. 采用插件机插件工艺印制板布局的特殊要求

（1）印制板长宽尺寸

采用插件机插件工艺的印制板长宽尺寸，应根据插件机夹持印制板导轨的最小和最大间距确定。如果实际印制板达不到最小尺寸，应采用拼板方式加长加宽，如图 2-2 所示。

（2）印制板定位孔及插件盲区的规定

机插印制板需设主定位孔和副定位孔,主定位孔所在的两边必须为直角边,主定位孔所在的边有缺角的必须加工艺角补成直角边。主定位孔一般为圆形,副定位孔一般为椭圆形,孔径根据插件机的要求确定。主定位孔和副定位孔一般设置在离板边5 mm的地方,机插印制板外形如图 2-5 所示。定位孔周围为插件盲区,不能放置任何元器件,插件盲区的大小根据插件机的要求确定。

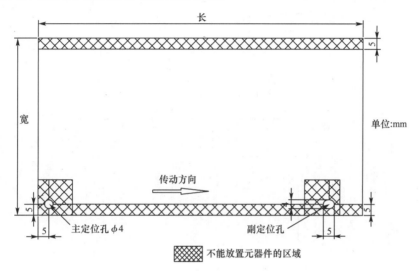

图 2-5　机插印制板外形图

（3）孔位的平行度、垂直度和孔距精度要求

为了保证插件的准确性,机插印制板上的非圆形孔的平行度、垂直度必须符合插件机的要求,一般要求误差为±0.1 mm。机插印制板孔距精度也应符合插件机的要求,一般要求误差为±0.1 mm。

（4）机插元器件孔径要求

为了保证插件机插件的插入率,印制板上元器件引脚的孔径应略大于引脚直径。冲孔工艺印制板孔径设计为在引脚直径的基础上加 0.4～0.5 mm,钻孔工艺印制板孔径设计为在引脚直径的基础上加 0.5～0.6 mm。

（5）机插元器件的最佳方向

为了提高插件机的插件速度,机插印制板上的元器件摆放需注意方向,机插元器件的放置应与工艺边水平或垂直(即:0°、90°、180°或 360°),不能为 45°或其他不合理的角度。

（6）机插元器件间的距离要求

为了防止插件时插件机头碰撞其他元器件,要求机插元器件间应保持一定的距离。径向元器件机插时,与径向元器件间的最小距离为 4 mm。与其他焊盘之间也需要保持一定距离,一般为 2.5～3 mm。

①轴向元器件(电阻、电容、跳线、二极管等)机插时,如果相邻两个元器件为平行方向,则两个元器件本体应相距 0.5 mm,如图 2-6 所示。

②如果两个相邻元器件互为垂直方向,则一个元器件的本体到另一个元器件的焊盘最小间距应为 2 mm,如图 2-7 所示。

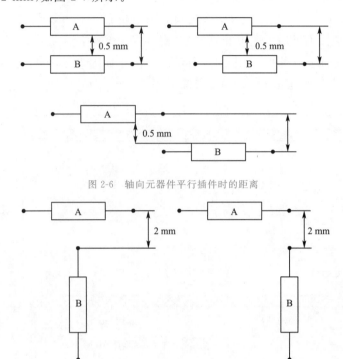

图 2-6 轴向元器件平行插件时的距离

图 2-7 轴向元器件垂直插件时的距离

③电阻、电容、跳线、二极管等元器件在印制板上的跨距应为 2.5 mm 的整数倍,孔位之间的误差应小于±0.1 mm。

④机插元器件焊盘附近不能放置贴片元器件。机插元器件与贴片元器件的最小距离为 3 mm,如图 2-8 所示。

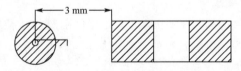

图 2-8 机插元器件与贴片元器件的最小距离

⑤如机插印制板采用贴片-波峰工艺,原则上线径在 7.5 mm 以下的机插元器件印制板另一面不能放置贴片元器件,特殊原因时机插元器件与贴片元器件的安全距离为 2.1 mm,如图 2-9 所示。

4. 波峰焊工艺印制板布局特殊要求

(1)为了保证波峰焊轨道能夹持住印制电路板,印制板上的元器件本体应与印制板夹持边保持一定距离,一般不得小于 5 mm,距离 PCB 边缘 3 mm 处不能布设走线,如图2-10 所示。

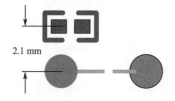
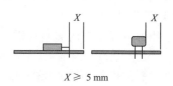

图 2-9 贴片-波峰工艺时机插元器件与贴片元器件的安全距离　图 2-10 波峰焊工艺时元器件距印制板边缘的距离

(2)由于波峰焊机导轨有最小间距,当印制板尺寸小于该间距时,需要将小印制板通过拼板转换成大印制板,以满足波峰焊的需要。若采用拼板,器件与拼板槽 V-CUT 之间的距离应大于 1 mm。

(3)为防止波峰焊时元器件引脚之间的搭焊,通常把集成电路的引脚排列方向作为 PCB 板的焊接方向。波峰焊焊接的进板方向标识如图 2-11 所示。进板标识一般在印制板工艺边上注明,如无拼板工艺边,则直接在板上注明。SOT-23 封装的器件使用波峰焊焊接时必须按图 2-12 方向放置。

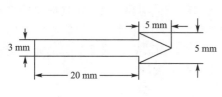
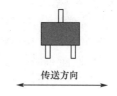

图 2-11 进板方向标识　　　图 2-12 SOT-23 器件波峰焊布局要求

(4)若印制板上有大面积开孔,在设计时要先将孔补全(在 0~15 mm 范围内必须有拼板),以避免焊接时造成漫锡和板变形,补全部分和原有的印制板部分要以单边几点连接,在波峰焊后再将之去掉,如图 2-13 所示。

(5)除结构有特殊要求之外,THD 器件都必须放置在正面。为了满足手工焊接和维修,相邻两个插装元件本体之间的最小距离为 0.5 mm,如图 2-14 所示。

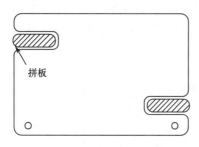

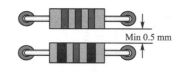

图 2-13 大面积开孔的补齐　　　图 2-14 元件本体之间的最小距离

(6)定位孔和安装孔周围不布设铜箔,防止波峰焊后焊锡将孔堵住。

(7)只有大于等于 0603 封装的片式阻容器件和片式非露线圈电感、两个相邻焊盘间距离大于 1.27 mm 的 SOP 器件和两个相邻焊盘间距离大于 1.27 mm 且引脚焊盘为外露可见的 SOT 器件才适合波峰焊。

5.采用回流焊工艺印制板布局的特殊要求

(1)设置基准点

采用回流焊工艺的印制板需要设置基准点(MARK 点)。基准点符号一般设计成内径为 ϕ1 mm(40 mil)裸铜箔(无孔无绿油),外径为 ϕ3 mm(120 mil)的圆环图形(无绿油)。考虑到材料颜色与环境的反差,圆环部分无铜箔、无其他走线、丝印、焊盘等,如图 2-15 所示为光学定位基准点符号。

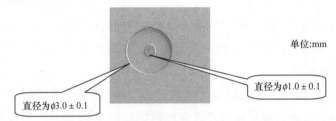

单位:mm

直径为 ϕ3.0 ± 0.1

直径为 ϕ1.0 ± 0.1

图 2-15 光学定位基准点符号

需要设置基准点的场合有:

①印制板光学定位基准点。一般而言,需要采用 SMT 加工的印制板必须放置光学定位基准点符号。光学定位基准点符号要放在印制板的对角线上,并且应离边 5 mm 以上。SMD 单面布局时,只需在 SMD 元件面放置光学定位基准点,光学定位基准点数量应大于三个。SMD 双面布局时,光学定位基准点需双面放置。双面放置的光学定位基准点,除镜像拼板外,正反两面的基准点位置要求基本一致,如图 2-16 所示。

B面基准点   A面基准点

PCB

图 2-16 正反面基准点位置基本一致

②拼板基准点。拼板基准点一般有三个,在板边呈"L"形分布,尽量远离,如图 2-17 所示。采用镜像对称拼板时,辅助边上的基准点需要满足翻转后重合的要求。

③局部基准点。为了保证元器件贴片的精度,对于引脚间距小于 0.4 mm 的翼形引脚封装器件和引脚间距小于 0.8 mm 的面阵列封装器件等需要放置局部基准点。局部基准点数量为两个,在以器件中心为原点时,要求两个基准点中心对称,如图 2-18 所示。

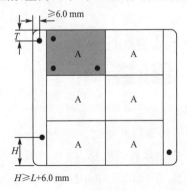

≥6.0 mm

T

A   A

A   A

H

A   A

$H \geqslant L+6.0$ mm

图 2-17 拼板基准点

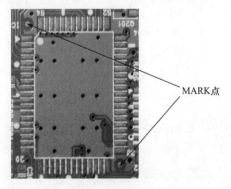

MARK点

图 2-18 局部基准点相对于器件中心点中心对称

（2）定位孔和工艺边

采用回流焊工艺印制板的定位孔要求孔壁光滑，不应金属化，定位孔周围 1.5 mm 处无铜箔，无涂覆层，无贴装元件。

采用回流焊工艺的印制板一般都要设置工艺边。传送边正反面在离边 3.5 mm（138 mil）的范围内不能布设任何元器件或焊点，以免无法焊接。能否布线视印制板的安装方式而定（导槽安装的 PCB，由于需要经常插拔一般不要布线，其他方式安装的 PCB 可以布线）。

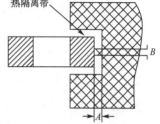

图 2-19　隔热处理示例

（3）对于吸热大的器件，在元器件布局时要考虑焊接时的热均衡性，不要把吸热多的器件集中放在一处，以免造成局部温度不均匀。SMD 器件的引脚与大面积铜箔连接时，要进行热隔离处理，如图 2-19 所示为隔热处理示例。

其中 A 表示铜箔最小间隙，单面板：0.3 mm，双面板：0.2 mm；B 表示铜箔最小线宽，单面板 0.3 mm，双面板：0.2 mm，最大不超过焊盘宽度的三分之一。

对于需通过 5 A 以上大电流的焊盘不能采用隔热焊盘，可采用如图 2-20 所示方法。

图 2-20　需通过 5 A 以上大电流的焊盘

（4）细间距器件应布置在 PCB 同一面，并且将较重的器件（如电感等）布局在 A（TOP）面，防止掉件。有极性的贴片元器件尽量同方向布置，高器件布置在低矮器件旁时，为了不影响焊点的检测，一般要求视角小于 45°，如图 2-21 所示。

（5）CSP、BGA 等面阵列器件周围需留有 2 mm 的禁布区，最佳禁布区宽度应为 5 mm。如果面阵列器件布放在正面（A 面），那么其背面（B 面）投影范围内及其投影范围四周外扩 8 mm 内不能再布放阵列器件，如图 2-22 所示。

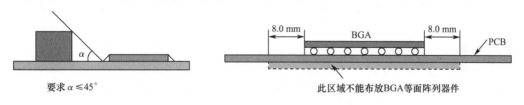

图 2-21　焊点目视检查示意图　　　　　图 2-22　面阵列器件的禁布要求

（6）贴片器件之间的距离要符合工艺要求，如图 2-23 所示，X、Y 分别是器件间的横向和纵向距离。对于同种器件相邻，X 和 Y 都必须大于等于 0.3 mm，对于不同器件相邻，

X 和 Y 都必须大于等于 $0.13 \times h + 0.3$ mm(h 为周围近邻元件最大高度差)。

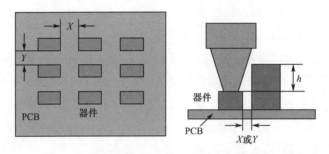

图 2-23　元器件布局的距离要求示意图

(7)采用回流焊工艺时,当非传送边大于 300 mm 时,较重的元器件尽量不要布局在 PCB 的中间,以减轻插装器件的重量在焊接过程中对 PCB 变形的影响,以及插装过程对板上已经贴放的元器件的影响。通孔回流焊元器件本体间距离应大于 10 mm。通孔回流焊元器件焊盘边缘与传送边的距离应大于 10 mm,与非传送边的距离应大于 5 mm。

2.2.5　元器件焊盘设计

焊盘的作用是通过焊接,将元器件的引脚固定在印制板的焊盘上,再通过印制导线把焊盘连接起来,实现元器件电气连接。通孔器件的焊盘包括引线孔及其周围的铜箔,而 SMT 器件的焊盘是指引线连接的铜箔。

1.通孔 THD 器件焊盘设计

(1)孔径

焊盘孔径一般不小于 0.6 mm,因为小于 0.6 mm 的孔开模冲孔时不易加工,通常情况下以元器件金属引脚直径值加上 0.2 mm 作为焊盘内孔直径,如电阻的金属引脚直径为 0.5 mm 时,其焊盘内孔直径对应为 0.7 mm,焊盘孔径优先选择 0.4 mm、0.5 mm、0.6 mm、0.8 mm、1.0 mm、1.2 mm、1.6 mm 和 2.0 mm 的尺寸。

(2)焊盘尺寸

焊盘外径设计主要依据布线密度以及安装孔径和金属化状态而定;元器件焊盘外径不能太小也不能太大,如果外径太小,焊盘就容易在焊接时剥落;但也不能太大,否则焊接时需要延长焊接时间、用锡量太多,并且影响印制板的布线密度。单面板和双面板的焊盘外径尺寸要求不同,若焊盘的外径为 D,引线孔的孔径为 d,如图 2-24 所示。对于单面板,焊盘的外径一般应当比引线孔的直径大 1.3 mm 以上,即 $D \geqslant d + 1.3$ mm。对于双面板,焊盘可以比单面板的略小一些。应有 $D_{min} \geqslant 2d$。

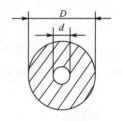

图 2-24　焊盘尺寸图

(3)焊盘形状

焊盘的形状有多种,圆形连接盘用得最多,因为圆焊盘在焊接时,焊锡将自然堆焊成光滑的圆锥形,结合牢固、美观。但有时,为了增加焊盘的粘附强度,也采用岛形、正方形、椭圆形和长圆形焊盘。岛形焊盘适合于元器件密集固定,元器件不规则排列的场合。方形焊盘适用于印制板上元器件体积大、数量少且线路简单的场合。有时为了能在两个焊盘间布设一条甚至两条信号线,常把圆形焊盘改为椭圆形焊盘。

(4)设计注意事项

PCB板上元器件安装跨距大小的设计主要依据元器件的封装尺寸、安装方式和元器件在PCB板上的布局而定。

①对于引线直径在0.8 mm以下的轴向元件,安装孔距应选取比封装体长度长4 mm以上的标准孔距。

②对于引线直径在0.8 mm及以上的轴向元件,安装孔距应选取比封装体长度长6 mm以上的标准孔距。标准安装孔距建议使用公制系列,即2.5 mm、5.0 mm、7.5 mm、10.0 mm、12.5 mm、15.0 mm、17.5 mm、20.0 mm、22.5 mm、25.0 mm。为实现短插工艺,应优先选用2.5 mm、5 mm、10 mm的孔距。

③所有水泥电阻、2 W及2 W以上的电阻、引线直径为1.3 mm以及以上的二极管应设计成卧式轴向安装,对于5 W以上的电阻,不允许有立式安装。

④对于径向元器件,安装孔距应选取与元器件引线间距一致的安装孔距。

⑤插件瓷片电容、独石电容、钽电解电容、热敏电阻与压敏电阻等在PCB板上的间距应与实物的间距一致。

⑥单面板中,对于波峰焊后再进行插件和焊接的元器件焊盘,为了防止波峰焊时焊盘孔被封堵,应沿波峰焊时印制板进板方向开槽,如图2-25所示。开槽宽度根据焊盘孔的大小决定,一般不大于孔径。

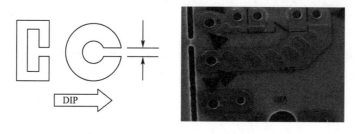

图2-25　焊盘开槽工艺

⑦当印制电路板的印制导线需要流过大电流时,印制导线不允许将走线设置为大面积的焊锡层,而是应设置成条形焊锡层,如图2-26所示。

⑧较重的元器件(如变压器),其焊盘应设计为菊花状(发散状)。

⑨为尽可能地避免连焊,对于连续排列的多个(两个或两个以上)焊盘,设计时应以类似椭圆形为主,焊盘相邻部分要在标准的许可下窄化,以增大焊盘相对间距,同时还应在焊盘外围加阻焊层以防连焊。

⑩大面积电源区和接地区的元件连接焊盘,应设计成如图2-27所示的形状,以免大面积铜箔传热过快,影响元件的焊接质量,或造成虚焊。

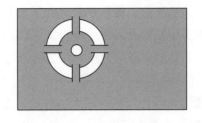

图 2-26　大电流印制导线的条形焊锡层　　图 2-27　大面积电源区和接地区的元件连接焊盘

2.SMT 器件焊盘设计

由于表面组装元器件与通孔元器件有着本质的差别,其焊盘大小不仅决定焊接时的工艺、焊点的强度,也直接影响元件连接的可靠性,所以 SMB 焊盘有着不同于通孔元器件焊盘的要求,下面简要介绍部分 SMB 焊盘设计的原则。

（1）片式元件的焊盘设计

片式元件的焊盘形状可以是方形,也可以是半圆形。如图 2-28 所示为矩形焊盘,图 2-29 所示为半圆形焊盘。其中焊盘宽度 $b=(0.9\sim1.0)\times$元件宽度,焊盘间距 d 应适当小于元件两端焊头 L 之间的距离,焊盘长度 c 应大于元器件焊头长度 T。

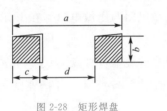

图 2-28　矩形焊盘　　　　　　　　图 2-29　半圆形焊盘

（2）柱状无源元器件的焊盘设计

柱状无源元器件的焊盘图形设计与焊接工艺密切相关。当采用贴片-波峰焊时,其焊盘图形可参照片状元件的焊盘设计原则来设计。当采用回流焊时,为了防止柱状元器件的滚动,焊盘上必须开一个 0.2 mm 的缺口,以利于元器件的定位,如图 2-30 所示。

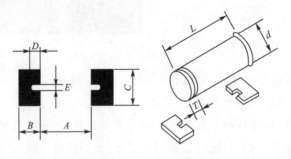

图 2-30　柱状无源元器件的焊盘

（3）小外形封装晶体管焊盘的设计

小外形封装晶体管（SOT）的焊盘图形如图 2-31 所示,要求焊盘间的中心距与器件引线间的中心距相等,焊盘的图形与器件引线的焊接面相似,但在长度方向上应扩展

0.3 mm,在宽度方向上应减少 0.2 mm;若是用于波峰焊,则长度方向及宽度方向均应扩展 0.3 mm。

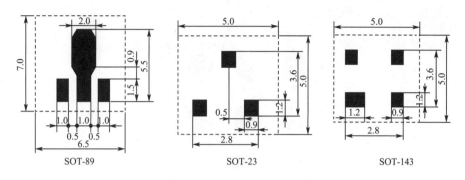

图 2-31 小外形封装晶体管(SOT)的焊盘

(4)PLCC 焊盘设计

PLCC 封装器件的焊盘宽度为 0.63 mm(25 mil),长度为 2.03 mm(80 mil),PLCC 引脚焊盘如图2-32所示。

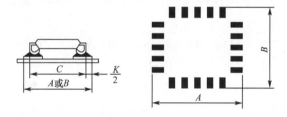

图 2-32 PLCC 引脚焊盘

(5)QFP 焊盘设计

QFP 焊盘长度和引脚长度的最佳比为 $L_2:L_1=(2.5\sim3):1$,或者 $L_2=F+L_1+A$(F 为端部长 0.4 mm;A 为趾部长 0.6 mm;L_1 为器件引脚长度;L_2 为焊盘长度),QFP 焊盘的设计尺寸如图 2-33 所示。焊盘宽度通常取:$0.49P\leqslant b\leqslant0.54P$($P$ 为引脚公称尺寸;b 为焊盘宽度)。

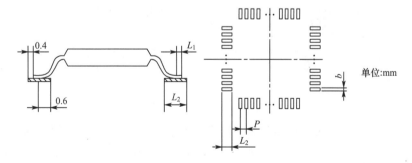

图 2-33 QFP 焊盘的设计尺寸

(6)BGA 焊盘设计

BGA 焊盘结构通常有三种形式,分别是哑铃式焊盘、外部式焊盘、混合式焊盘。

①哑铃式焊盘。哑铃式焊盘结构如图 2-34 所示。BGA 焊盘采用此结构,过孔把线路引入到其他层,实现同外围电路的沟通,过孔通常应用阻焊层全面覆盖。该方法简单实用,较为常见,并且占用 PCB 面积较少。

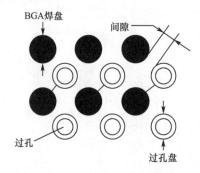

图 2-34　BGA 的哑铃式焊盘

②外部式焊盘。过孔分布在 BGA 外部形式的焊盘特别适用于 I/O 端子数量较少的 BGA 焊盘设计,焊接时的一些不确定因素有所减少,对保证焊接质量有利。但采用这样的设计形式对于多 I/O 端子的 BGA 是有困难的,此外该结构焊盘占用 PCB 的面积相对过大。

③混合式焊盘。对于 I/O 端子较多的 BGA,可以将上述两种焊盘结构设计混合在一起使用,即内部采用过孔结构,外围则采用过孔分布在 BGA 外部形式的焊盘。

(7)波峰焊时,对于 0805/0603、SOT、SOP、钽电容器,在焊盘设计上应该按照以下工艺要求做一些修改,这样有利于减少类似漏焊、桥连这样的焊接缺陷。

①对于 SOT 封装、钽电容器,焊盘应比正常设计的焊盘向外扩展 0.3 mm,以免产生漏焊缺陷,如图 2-35(a)所示。

②对于 SOP 封装,如果方便的话,应该在每个元器件一排引线的前后位置设计一个工艺焊盘,其尺寸一般比焊盘稍宽一些,用于防止产生桥连缺陷,如图 2-35(b)所示。

③焊接面上高度超过 6 mm 的元件(波峰焊后补焊的插装元件)尽量集中布置,以减少测试针床制造的复杂性。

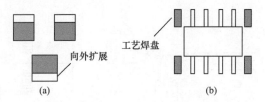

图 2-35　焊盘优化示例

(8)在采用贴片-波峰焊工艺时,呈平行排列的贴片电阻、贴片电容焊盘间距应保持在0.5 mm以上,如图 2-36(a)所示。呈垂直排列的贴片电阻、贴片电容焊盘间距应保持在0.4 mm以上,如图 2-36(b)所示。呈直线排列的贴片电阻、贴片电容焊盘间距应保持在0.4 mm以上,如图 2-36(c)所示。

集成电路和贴片电阻、贴片电容之间的距离关系如图 2-37 所示。

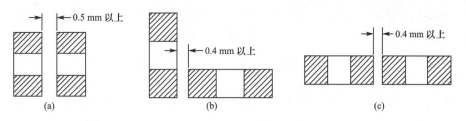

图 2-36 贴片-波峰焊工艺时片式元件焊盘的最小距离

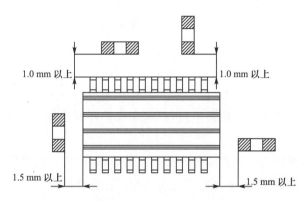

图 2-37 集成电路和贴片电阻、贴片电容之间的距离

（9）贴片器件焊盘上不能有过孔，要求过孔离焊盘的距离应在 0.4 mm 以上，如图2-38 所示。

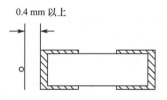

图 2-38 过孔离焊盘的最小距离

2.2.6 印制导线布设

1.印制导线的宽度

一般情况下，印制导线应尽可能宽一些，这有利于承受电流并便于制造。在确定印制导线宽度时，除需要考虑载流量外，还应注意铜箔在板上的剥离强度，一般取线宽 $d = (1/3\sim2/3)D$。如无特殊要求，导线宽度可在 0.3～2.0 mm 选择，建议优先采用 0.5 mm、1.0 mm、1.5 mm、2.0 mm 规格，其中 0.5 mm 导线宽度主要用于微小型化的电子产品。印制电路的电源线和接地线的载流量较大，因此在设计时要适当加宽，一般取1.5～2.0 mm。当要求印制导线的电阻和电感比较小时，可采用较宽的信号线。当要求分布电容比较小时，可采用较窄的信号线。

2.印制导线的间距

导线间距的选择要根据基板材料、工作环境和分布电容大小等因素来综合确定。在一般情况下，导线的间距等于导线宽度即可。对微小型化设备，最小导线间距应不小于0.4 mm。采用浸焊或波峰焊时，导线间距要大一些，采用手工焊接时，导线间距可适当小一些。在高压电路中,为了防止印制导线间的击穿导致基板表面炭化、腐蚀和破裂,间距应适当加大一些。在高频电路中,导线间距会影响分布电容的大小,也应考虑这方面的影响。

3. 印制导线的形状

印制导线的形状可分为平直均匀形、斜线均匀形、曲线均匀形和曲线非均匀形。印制导线的形状除要考虑机械因素、电气因素外,还要考虑导线图形的美观大方,在设计印制导线图形时,应遵循以下原则:

(1)在同一印制电路板上的导线宽度(除地线外)应尽量一致。

(2)印制导线应走向平直,不应有急剧的弯曲或出现尖角,所有弯曲与过渡部分均须用圆弧连接。

(3)印制导线应尽可能避免有分支,如必须有分支,分支处应圆滑。

(4)印制导线应尽量避免长距离平行,双面布设的印制导线也不能平行,应垂直或斜交布设。

(5)导线通过两个焊盘之间而不与它们连通的时候,应该与它们保持最大而相等的间距;同样,导线与导线之间的距离也应当均匀地相等并且保持最大。

(6)接地、接电源的走线要尽量短、尽量近,以减少内阻。

4. 信号线的布设

在印制导线布局的时候,应该先考虑信号线,后考虑电源线和地线。因为信号线一般比较集中,布置的密度也比较高,而电源线和地线比信号线宽很多,对长度的限制要小一些。

(1)在满足使用要求的前提下,选择布线方式的顺序为单层—双层—多层。多层板上各层的走线应互相垂直,以减少耦合,切忌上下层走线对齐或平行。为了测试的方便,设计上应设定必要的断点和测试点。

(2)为了减小导线间的寄生耦合,在布线时要按照信号的流通顺序进行排列,电路的输入端和输出端应尽可能远离,输入端和输出端之间最好用地线隔开,同时输入端还应远离末级放大回路。

(3)两个连接盘之间的导线布设应尽量短,敏感的信号、小信号先走,以减少小信号的延迟与干扰。焊盘与较大面积导电区相连接时,应采用长度不小于 0.5 mm 的细导线进行热隔离,细导线宽度应不小于 0.13 mm。

(4)信号线应粗细一致,这样有利于阻抗匹配,一般推荐线宽为 0.2～0.3 mm(8～12 mil)。

(5)模拟电路的输入线旁应布设接地线屏蔽;同一层导线的布设应分布均匀;各导线上的导电面积要相对均衡,以防板子翘曲。不同频率的信号线中间应布设接地线隔开,避免发生信号串扰。

(6)高速电路的多根 I/O 线以及差分放大器、平衡放大器等电路的 I/O 线长度应相等,以避免产生不必要的延迟或相移。

5. 地线的布设

(1)公共地线应布置在印制电路板的边缘,以便将印制电路板安装在机架上。但导线与印制电路板的边缘应留有一定的距离(不小于板厚),以提高电路的绝缘性能。

(2)为了防止各级电路的内部因局部电流而产生的地阻抗干扰,采用一点接地是最好的办法。

(3)当电路工作频率在 30 MHz 以上或是工作在高速开关的数字电路中时,为了减少地阻抗,常采用大面积覆盖地线,这时各级的内部元器件接地方式也应为一点接地。

(4)为克服这种由于地线布设不合理而造成的干扰,在设计印制电路时,应当尽量把不同回路的地线分开。即把"交流地"和"直流地"分开、把"高频地"和"低频地"分开、把"高压地"和"低压地"分开、把"模拟地"和"数字地"分开。

(5)公共电源线和接地线应尽量布设在靠近板的边缘位置,并且应分布在板的两面。多层板可在内层设置电源层和地线层,通过金属化孔与各层的电源线和接地线连接,内层大面积的导线和电源线、地线应设计成网状,这样可提高多层板的层间结合力。

(6)对于电源地线,走线面积越大越好,可以减少干扰。对高频信号最好用地线屏蔽,可以提高传输效果。

6. 覆铜设计工艺要求

覆铜设计是一种抗干扰的有效方法,需要采用覆铜设计的场合主要有以下两种:一是同一层的线路或铜分布不平衡或者不同层的铜分布不对称时,建议采用覆铜设计。二是外层如果有大面积的区域没有走线或图形,建议在该区域内铺铜网格,使得整个板面的铜分布均匀。

覆铜网格间的空方格的大小建议采用 25 mil×25 mil,超过 ϕ25 mm(1000 mil)范围的电源区和接地区,为防止焊接时产生铜箔膨胀、脱落现象,一般采用 20 mil 间距网状窗口或实铜加过孔矩阵的方式,如图 2-39 所示。

7. 导线与焊盘的连接方式

(1)印制导线与 SMD 器件焊盘连接时,一般不得在两焊盘的相对间隙之间直接进行,建议在两端引出后再连接,如图 2-40 所示。

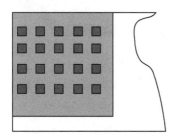

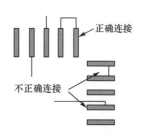

图 2-39　电源区和接地区的网状布线　　　　图 2-40　导线与焊盘的连接

（2）从同一元器件焊盘引出的走线要对称，如图 2-41 所示。引线应从焊盘端面中心位置引出，如图 2-42 所示。

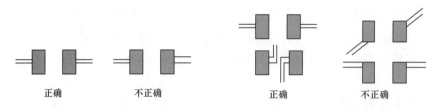

图 2-41 对称与不对称走线   图 2-42 焊盘中心引出导线

（3）为了防止集成电路在回流焊中发生偏转，与集成电路焊盘连接的印制导线原则上应从焊盘任一端引出，但不应使焊锡的表面张力过分聚集在一侧，要使器件各侧所受的焊锡张力保持均衡，以保证器件不会相对焊盘发生偏转。

（4）如果电源线或接地线要和焊盘连接，则在连接前需要将宽布线变窄至 0.25 mm，且不短于 0.635 mm 的长度，再和焊盘相连，如图 2-43 所示。

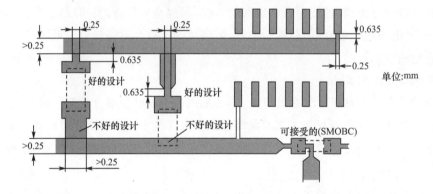

图 2-43 宽布线变窄后再和焊盘相连

（5）导通孔与焊盘连接时，通常用具有阻焊膜的窄走线与焊盘相连，如图 2-44 所示。

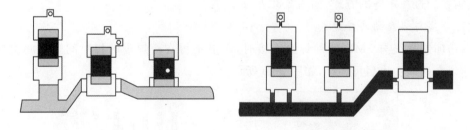

图 2-44 导通孔与焊盘连接图

（6）当和焊盘连接的走线比焊盘宽时，走线不能覆盖焊盘，应从焊盘末端引线；密间距的 SMT 焊盘引脚需要连接时，应从焊盘外部连接，不允许在焊脚中间直接连接，如图2-45所示。

（7）对大电流元件引脚用铆钉加固时，该焊点应作特别加锡要求。需要加焊的焊点或走线，用三角形进行标识，如图 2-46 所示。

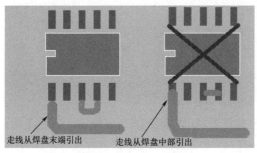
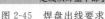

图 2-45　焊盘出线要求

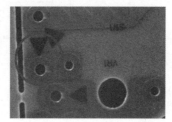

图 2-46　加焊标志

2.2.7　测试点和孔的设计

1.测试点的设计

由于布线密度高、元器件小、印制电路板含有中间层,SMB 布线过程中一般都要设置测试点,测试点的设置要注意以下几点:

(1)测试点可以是焊盘,也可以是通孔,焊盘作为测试点时直径应为 0.9～1.0 mm,并需与相关测试针相匹配。

(2)测试点不应设计在板子边缘的 5 mm 范围内,测试点原则上应设在同一面上,并注意分散均匀。

(3)相邻的测试点之间的中心距不应小于 1.46 mm,如图 2-47 所示。

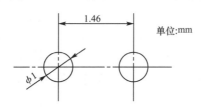

图 2-47　相邻的测试点之间的中心距

(4)测试点与元件焊盘之间的距离不应小于 1 mm,测试点不能涂覆任何绝缘层。

(5)测试点应覆盖所有需要测量的信号,包括 I/O、电源和地等。

2.孔的设计

(1)过孔

过孔是一种金属化孔,主要用作多层板层间电路的连接,即在孔的内壁作金属化处理,实现上下两层之间或与中间层之间的连接。

过孔的位置主要与回流焊工艺有关,在印制板制造工艺可行的条件下,孔径和焊盘越小则布线密度越高,所以过孔越小越好。对过孔来讲,一般外层焊盘最小环宽不应小于 0.127 mm(5 mil),一般内层焊盘最小环宽不应小于 0.2 mm(8 mil)。

过孔不能设计在需要焊接的片式元件两焊盘之间,也不能设计在焊盘上。当过孔需要与焊盘相连时,应该通过一小段印制导线连接,否则容易产生"立碑""焊料不足"的缺陷,如图 2-48 所示。

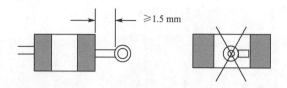

图 2-48　过孔位置

采用波峰焊工艺时,过孔可与焊盘靠得近些,以利于排气。排成一列的无阻焊过孔焊盘,间隔应大于 0.5 mm(20 mil)。采用回流焊时,排成一列的无阻焊过孔焊盘,间隔不应小于 0.2 mm(8 mil)。

(2) 安装定位孔

安装定位孔尺寸和定位孔位置如图 2-49 所示,孔壁要求光滑,不应有涂覆层,周围 2 mm 处应无铜箔,且不得贴装元件。当印制板四周没设工艺边时,安装放置在中心离印制板两边距离为 5 mm 处,当印制板设有工艺边时,定位孔与图像识别标志应设于工艺边上。

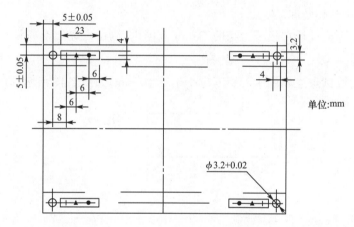

图 2-49　安装定位孔尺寸和定位孔位置

2.2.8　阻焊设计

为了防止焊接时焊锡沿走线扩散,以及走线裸露在空气中被氧化,一般要求印制板走线覆盖阻焊。在印制板制造过程中,焊盘和孔、孔和相邻的孔之间一般都要有阻焊层间隔,以防止焊锡从过孔流出而造成短路。

1. 焊盘的阻焊设计

由于 PCB 生产厂家生产工艺(最小阻焊宽度的限制)和生产技术水平的原因,往往存在阻焊对位不准和精度不高的现象。为了不影响印制板焊盘的焊接,一般要求焊盘处阻焊开窗应比焊盘每边略大。如图 2-50 所示,插件焊盘阻焊开窗尺寸 A、走线与插件之间的阻焊层宽 B、SMD 焊盘阻焊开窗尺寸 C、SMD 焊盘之间的阻焊层宽 D、SMD 焊盘和插件之间的阻焊层宽 E、插件焊盘之间的阻焊层宽 F、插件焊盘和过孔之间的阻焊层宽 G、过孔和过孔之间的阻焊层宽 H 的最小间距应满足印制板生产企业的要求,比如 3 mil。

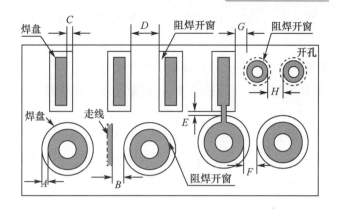

图 2-50 焊盘阻焊开窗尺寸

对于引脚间距很密的元器件,或者焊盘之间的边缘间距很近的连个元器件,一般采用整体阻焊开窗的方式,如图 2-51 所示。

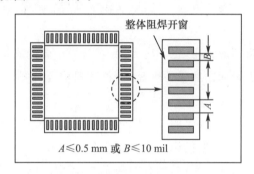

图 2-51 密间距的 SMD 阻焊开窗处理示意图

2. 孔的阻焊设计

过孔的阻焊开窗要求正反面均比孔径略大。金属化安装孔阻焊开窗要求正反面禁布区作为阻焊开窗。非金属化安装孔的阻焊开窗大小应该与螺钉的安装禁布区大小一致,定位孔一般是非金属化孔,其正反面阻焊开窗比直径略大,大约为 10 mil。

2.2.9 丝印设计

为了方便电路安装和维修,在印制板的上下两表面需印上必要的标志图案和文字代号等,在设计印制板时还需对印制的图案和文字进行设计。

1. 需要丝印的内容

丝印的内容包括:"印制板名称""印制板版本""元器件序号""元器件极性和方向标志""条形码框""安装孔位置代号""元器件、连接器第一脚位置代号""过板方向标志""防静电标志""散热器丝印"等。

2. 需要丝印的场合和位置

(1)印制板名称、版本应放置在印制板的 A(TOP)面上,印制板名称、版本丝印在印制板上优先水平放置。

（2）元器件、安装孔、定位孔以及定位识别点都有对应的丝印标号，且位置应清楚、明确。

（3）字符、极性与方向的丝印标志不能被元器件覆盖。

（4）需要安装散热器的功率芯片必须丝印，若散热器投影比器件大，则需要用丝印画出散热片的真实尺寸大小。

（5）丝印字符串的排列应遵循正视时代号的排序从左至右、从下往上的原则。

（6）当印制板设计了偷锡焊盘、泪滴焊盘或器件波峰焊接方向有特定要求时，或采用波峰焊接传送方向有明确规定时需要标识出传送方向。

3.丝印设计通用要求

（1）字符应清晰，不重叠，朝向尽量一致美观。

（2）丝印字体在印制板上水平/垂直放置，不推荐使用倾斜角度。

（3）丝印字体大小以方便读取为原则，以丝印字符高度确保裸眼可见，不与焊盘、基准点重叠为宜。

（4）丝印的画线线宽不应太粗，也不应太细，字符太小会造成丝网印刷的困难。

（5）标记字符不能上表面贴和元件焊盘，字符离对应元件不能太远，以防识别元件编号时产生错误。

（6）安装孔、定位空在印制板上的位置代号要明确。卧装器件在其相应位置要有丝印外形（如卧装电解电容）。防静电标识应优先丝印在 PCB 的 A（TOP）面上。

（7）白色是默认的丝印油墨颜色，如有特殊需求，需要在印制板钻孔图文中说明。

2.3 项目实施

2.3.1 项目示例:温度控制仪电路原理图和印制版图绘制

2.3.1.1 绘制温度控制仪电路原理图

1.任务要求

（1）创建设计数据库及原理图文件

创建 Protel 99 SE 设计数据库文件，有效文件名为:温控仪.ddb，在该文件的 Documents 文件夹中创建原理图文件，有效文件名为:温控仪.Sch。

（2）绘制温度控制仪原理图

根据图 2-52 所示的电路原理图以及表 2-2 所列的元器件参数，在文件"温控仪.Sch"中设计电路原理图，并按缺省设置进行电气规则检测（ERC）。原理图工作环境设置要求:标准图纸，大小为 C，捕捉栅格为 5 mil，可视栅格为 10 mil；图纸方向为横向，网格形式为网状；标题栏格式为 Standard，如图 2-53 所示。

表 2-2　　　　　　　　　　　温度控制仪原理图元器件清单

序号	元件标号（Designator)	元件名称（Lib Ref)	元件注释（Part Type)	元件封装（Footprint)	原理图元件库（Library)
1	C_1、C_2、C_5、C_6	CAP	15 pF	RAD0.1	
2	C_4、C_{15}、C_{U1}-C_{U3}	CAP	0.1 μF	RAD0.1	
3	C_3	CAPACITOR POL	22 μF	RB.1/.2(自制)	
4	C_7	CAPACITOR POL	220 μF/25 V	RB.1/.2(自制)	
5	C_8、C_9	CAPACITOR POL	4.7 μF	RB.2(自制)	
6	C_{14}	CAPACITOR POL	22 μF	RB.2/.4	
7	R_1	RES2	200	AXIAL0.3	
8	R_2	RES2	1 k	AXIAL0.3	
9	R_3、R_4、R_{13}	RES2	10 k	AXIAL0.3	
10	R_5～R_{12}	RES2	270	AXIAL0.4	
11	R_{15}	RES2	10 k	AXIAL0.4	
12	R_{16}	RES2	330	AXIAL0.4	
13	R_{17}、R_{23}	RES2	200 k	AXIAL0.4	
14	R_{18}	RES2	100 k	AXIAL0.4	
15	R_{19}	RES2	130 k	AXIAL0.4	
16	R_{20}、R_{21}	RES2	30 k	AXIAL0.4	
17	R_{22}	RES2	20 k	AXIAL0.4	
18	R_{24}、R_{25}	RES2	1 k	AXIAL0.4	Miscellaneous Devices.ddb
19	R_{26}	RES2	30 k	AXIAL0.3	
20	R_{27}	RES2	6.2 k	AXIAL0.3	
21	R_{28}	RES2	2 k	AXIAL0.3	
22	R_{151}	RES2	100 k×8	SIP9	
23	R_{161}	RES2	120	AXIAL0.4	
24	R_{162}	RES2	2.4 k	AXIAL0.4	
25	R_{W1}	POT2	500	VR5	
26	R_{W2}	POT2	20 k	VR5	
27	D_1	LED	LED	RB.2(自制)	
28	D_2	DIODE	4148	DIODE(自制)	
29	Q_1	NPN	9013	SIP3	
30	J_1	CON5	CON5	SIP5	
31	J_{P1}	HEADER3	HEADER3	SIP3	
32	U_6	OPTOISO1	521	DIP4	
33	NUM0～NUMF	SW-PB	SW-PB	ANJIAN(自制)	
34	S_1	SW-PB	Reset	ANJIAN(自制)	
35	X_0	CRYSTAL	12 MHz	XTAL1	
36	K_1	RELAY-SPDT	RELAY-SPDT	JDQ(自制)	
37	U_1	74LS32	74LS32	DIP14	
38	U_2	74LS74	74LS74	DIP14	
39	U_3	74LS04	74LS04	DIP14	Protel DOS Schematic Libraries.ddb
40	U_5	ADC0809	ADC0809	DIP28	
41	U_8	LM358	LM358	DIP8	
42	U_{10}	8031	AT89S51	DIP40	
43	U_{12}	74LS573	74LS573	DIP20	
44	DS_0～DS_3	7LED_SEG	7LED_SEG	LEDGUAN	
45	U_4	ZLG7289	ZLG7289	DIP28	自定义元件库.Lib
46	U_7	TL431	TL431	DIP3	

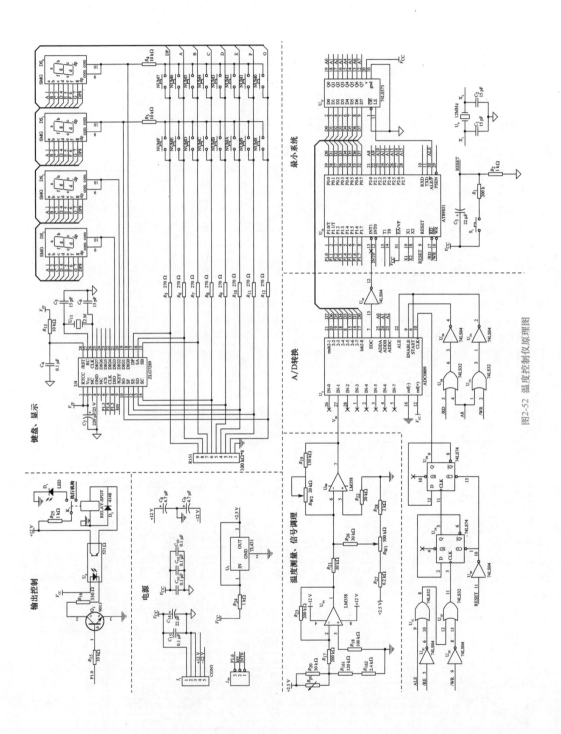

图2-52 温度控制仪原理图

Title	温度控制仪			
Size C	Number 1		Revision V13	
Date:	26-Dec-2018		Sheet of	1/1
File:	E:\温度控制仪\温控仪.ddb		Drawn By:	

图 2-53 原理图标题栏

（3）创建原理图元件

创建一个用户原理图元件库，有效文件名为：自定义元件库.Lib。根据表 2-3 和表 2-4 所列新建元件说明，在该库内共创建三个原理图元件，元件名称分别是 ZLG7289、SHUMAGUAN、TL431，网格参数为：Visible＝10。

表 2-3　　　　　　　　　　自制原理图元件说明表 1

元件标号	U?		
元件名称	TL431		
元件的部件数（Part）	1		
元件封装	DIP3		
元件引脚数	3		
元件引脚说明 ＼ 元件引脚编号	引脚名称	引脚电气特性	引脚显示状态
1	IN	Input	显示
2	OUT	Output	显示
3	GND	Passive	显示

表 2-4　　　　　　　　　　自制原理图元件说明表 2

元件标号	U?		
元件名称	ZLG7289		
元件的部件数（Part）	1		
元件封装	DIP28		
元件引脚数	28		
元件引脚说明 ＼ 元件引脚编号	引脚名称	引脚电气特性	引脚显示状态
1	RTCC	Input	显示
2	V_{CC}	Input	显示
3、5	NC	Passive	显示
4	GND	Passive	显示
6	/CS	Input	显示
7	CLK	Input	显示
8	DIO	I/O	显示
9	/INT	Output	显示
10～17	SG/KR0～DP/KR7	Input	显示
18～25	KC0/DIG0～KC7/ DIG 7	I/O	显示
26、27	OSC2、OSC1	Passive	显示
28	/RST	Input	显示

（4）生成网络表和元器件清单

2. 实施过程

电路原理图绘制是印制电路板设计的基础，只有在绘制好原理图的基础上才可以进行印刷电路板的设计。绘制电路原理图就是充分利用软件 Protel 99 SE 所提供的各种原理图绘图工具、各种编辑功能，绘制一张温度控制仪的电路原理图。

（1）创建一个项目设计库"温控仪.ddb"

① 启动 Protel 99 SE，出现以下启动界面，启动后出现的窗口如图 2-54 所示。

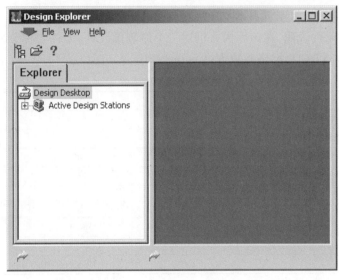

图 2-54　Protel 99 SE 启动后窗口

② 选取菜单 File/New 来创建一个设计库文件，出现如图 2-55 所示对话框。在 Database File Name 处可输入设计库存盘文件名"温控仪.ddb"，单击 Browse 可以修改存盘目录。

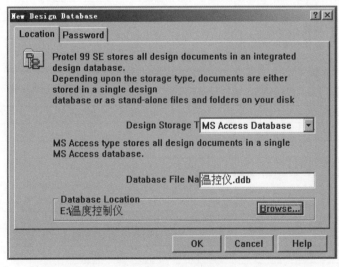

图 2-55　新建温度控制仪设计库对话框

单击 OK 按钮后,出现如图 2-56 所示的主设计窗口。

图 2-56　温度控制仪设计库主设计窗口

(2)新建一个原理图文件"温控仪. Sch"

①在图 2-56 主设计窗口中,选取 File/New 即打开 New Document 对话框,如图2-57 所示。选取 Schematic Document 新建一个原理图文档,系统便新建了一个原理图文件 Sheet1. Sch,并自动添加到项目"温控仪. ddb"的文件夹(Documents)中。在文件夹中,在原理图文件 Sheet1. Sch 上单击鼠标右键,将其文件名修改为"温控仪. Sch"。

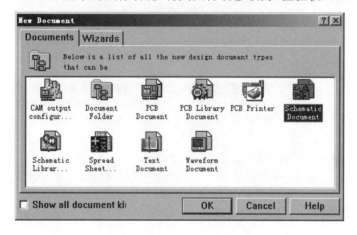

图 2-57　New Document 对话框

②双击新建的原理图文件"温控仪. Sch"图标,即进入原理图编辑模式,如图 2-58 所示。通过窗口中左侧设计管理导航栏,就可以很清楚地查看当前设计平台上设计数据库的情况,也可以导入其他数据库到当前设计平台中。同时,打开设计原理图过程中所需的绘图工具(如:Wiring Tools、Drawing Tools 等)。

(3)设置原理图工作环境

设置原理图工作环境,包括设置图纸大小、方向,设置格点大小和类型、光标类型等等,大多数参数可以使用系统默认值,也可以根据自己的习惯有选择地进行设置。下面根据任务一的目标要求来设置原理图"温控仪. Sch"的工作环境。

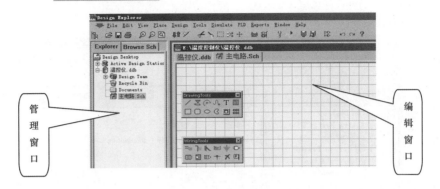

图 2-58　原理图编辑窗口

①Document Options 对话框

执行菜单中的 Design/Options 命令,在系统弹出 Document Options 对话框后,选择 Sheet Options 选项卡,可以设置图纸大小、方向、栅格等,如图 2-59 所示。

图纸大小依据具体电子产品电路图的规模和复杂程度而定。找到 Standard Style 下面的 Standard 选项,在其右侧下拉菜单中,选择标准图纸 C。在 Options 下面的 Orientation 选项里,在其右侧下拉菜单中,选择水平方向 Landscape。找到 Grids 下面的 SnapOn 选项,将其前面方框里的钩勾上,并输入数字 5。同时,找到 Grids 下面的 Visib 选项,勾选其前面的方框,并输入数字 10。

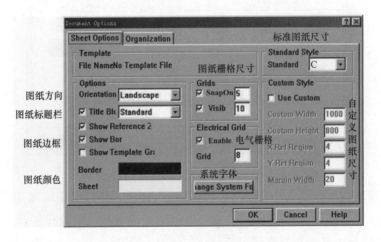

图 2-59　Document Options 对话框中 Sheet Options 选项卡

找到 Options 下面的 Title Block 选项,将其前面方框里的钩勾上,并在其右侧下拉菜单中,选择标准格式 Standard。图纸标题栏中的内容可在 Document Options 对话框的文件信息选项卡(Organization)中进行设置,如图 2-60 所示。也可以通过执行菜单中的 Place/Annotation 命令来设置。

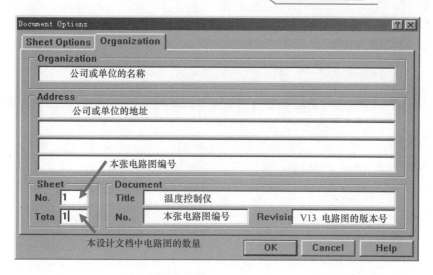

图 2-60　Document Options 对话框中 Organization 选项卡

图 2-60 中,在"Title"中输入"温度控制仪";在"No."中输入数字"1";在"Total"中输入数字"1";在"Revision"中输入数字"V13",然后,单击 OK,标题栏便设置好了。

②Preferences 对话框

系统默认线路出现交叉时自动放置节点,容易造成错误,所以建议画图时禁止自动放置节点功能,等整张图纸都画完了,最后统一检查,手工放置节点。

执行菜单中的 Tools/Preferences 命令,在系统弹出 Preferences 对话框后,选择 Schematic 选项卡,如图 2-61 所示,在右侧找到 Options 下面的 Auto-Junction 选项,将其前面方框里的钩去掉即可。

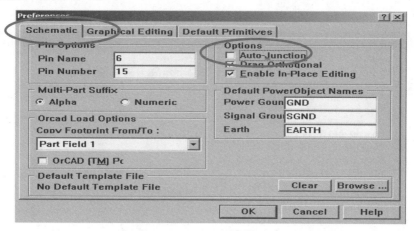

图 2-61　设置禁止自动放置节点对话框

Protel 99 SE 提供了两种不同形状的网络,分别是线状网络(Lines)和点状网络(Dots)。执行菜单命令 Tools/Preferences,在系统弹出 Preferences 对话框后,选择 Graphical Editing 选项卡,如图 2-62 所示,找到 Cursor/Grid Options 下面的 Visible 选

项,在其右侧下拉菜单中,选择线状网络 Line Grid。

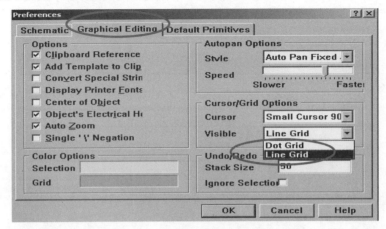

图 2-62　设置网络对话框

Protel 99 SE 提供了三种不同形状的光标,如图 2-63 所示。大家可以根据自己的习惯,对光标进行选择设置。

(a)90度小光标　　　　(b)90度大光标　　　　(c)45度交叉光标

图 2-63　三种光标形状图

同样,在 Preferences 对话框的 Graphical Editing 选项卡中,如图 2-64 所示,找到 Cursor/Grid Options 下面的 Cursor 选项,在其右侧下拉菜单中,选择 90 度小光标 Small Cursor 90。

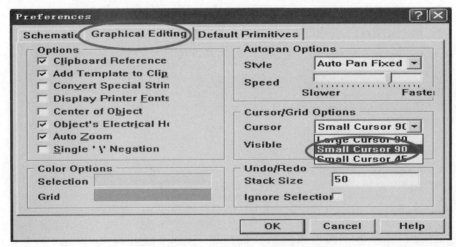

图 2-64　设置光标对话框

（4）装载原理图元件库

Protel 99 SE 原理图的元件符号都分门别类地存放在不同的原理图元件库中,故放置元件前,必须先将该元件所在的元件库载入内存。但是,如果一次添加过多,不仅会占用较多的系统资源,而且也会降低应用程序的执行效率。因此,通常只需添加常用的系统元件库,其他特殊的元件库在需要时再添加。常用的系统元件库见表 2-5。

表 2-5　　　　　　　　　　常用的系统元件库

元件库文件名	元件库内容
Miscellaneous Devices	分立元件库,含各种常用分立元件
Protel DOS Schematic Libraries	原 DOS 版元件数据库,内含十几种常用元件库
Intel Databooks	Intel 公司元件库,主要为各种微处理器
TI Databooks	德克萨斯仪器公司元件库

由表 2-2 温度控制仪原理图元件清单可知,需要添加两个常用的系统元件库"Miscellaneous Devices. ddb、Protel DOS Schematic Libraries. ddb"和一个自制的元件库"自定义元件库. ddb"。下面先添加系统元件库,操作步骤如下:

①双击设计管理器中的"温控仪. Sch"原理图文档图标,打开原理图编辑器。

②单击设计管理器中的 Browse Sch 选项卡,在 Browse 选项框右边的下拉按钮中选择 Libraries。如图 2-65 所示,分立元件库 Miscellaneous Devices. ddb 已默认添加。

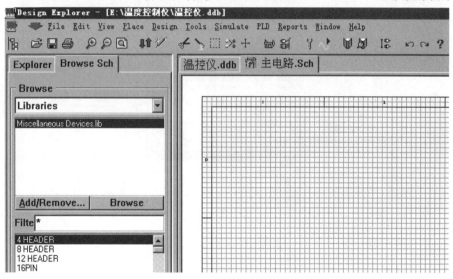

图 2-65　Browse Sch 选项卡对话框

③单击 Add/Remove 按钮,屏幕出现如图 2-66 所示的"Change Library File List"对话框。然后在上方 Design Explorer 99 SE\Library\Sch 文件夹下,选取所需元件库文件"Protel DOS Schematic Libraries. ddb",双击鼠标或单击 Add 按钮,此元件库就会出现在下方的 Selected Files 框中,最后单击 OK 按钮,完成该元件库的添加。

添加完所需的元件库后,可以在如图 2-67 所示的 Browse Sch 选项卡中,通过元件库选择区、元件过滤区、元件浏览区、元件外观区四个区域来浏览元件库。

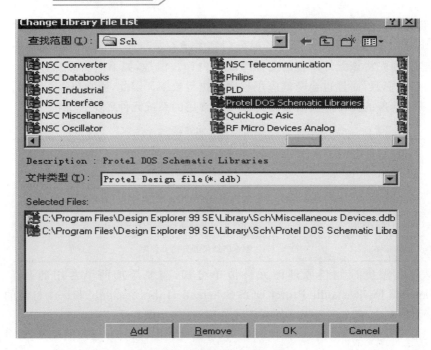

图 2-66　元件库添加/删除对话框

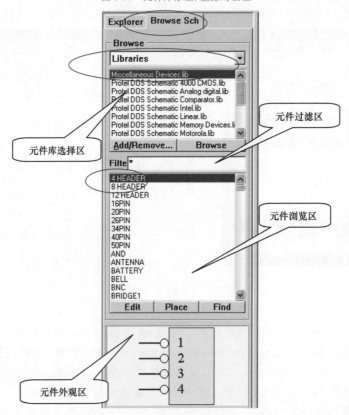

图 2-67　元件库浏览器

(5)放置元件

电路是由元件(含属性)及元件间的连线所组成的,所以,绘制温控仪电路原理图需要将其所有的元件都找到并放置在原理图文档上。参照表 2-2 温度控制仪原理图元件清单,将元件依次从其所在元件库里取出,放置到图纸上,并对元件的序号、元件封装等属性进行编辑。

①元件属性

元件编辑主要包括对元件的编号、封装、参数等进行定义和设定。可在以下两种情况下设置元件属性,一是在放置元件前设置,即在单击鼠标左键之前按 Tab 键,系统会自动弹出"元件属性"对话框;二是在放置元件后设置,即鼠标左键双击该元件或右键单击该元件后选择 Properties 选项,系统也会自动弹出"元件属性"对话框。如图 2-68 所示,元件的属性有很多,"Attributes"选项卡中的内容较为常用,其中前四项最为重要。

Lib Ref(元件名称):元件符号在元件库中的参考名称。如电阻符号在元件库中的名称是 RES2,在放置元件时必须输入,但不会在原理图中显示出来。

Footprint(元件封装):是元件的外形名称。一个元件可以有不同的外形,即可以有多种封装形式。元件的封装形式主要用于印刷电路板图。这一属性值在原理图中不显示。

Designator(元件标号):元件在原理图中的序号,如 R_1,C_1 等。

Part Type(元件类别/标注):元件标称值或元件型号,如 10 k、0.1 μF、MC4558 等,默认值与元件库中名称 Lib Ref 一致。

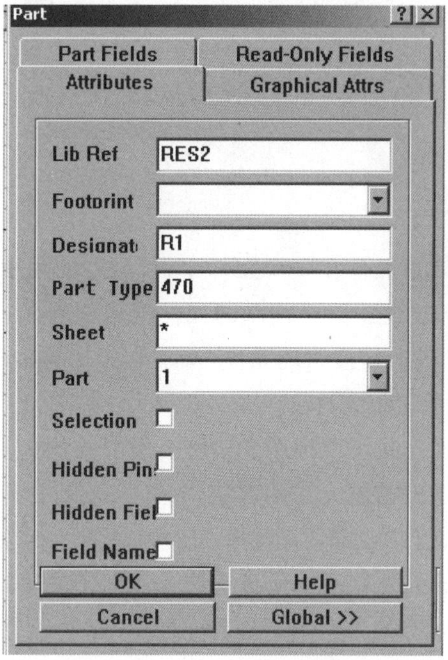

图 2-68　元件属性编辑界面

②放置元件

下面以放置元件 CAP 为例,介绍几种放置元件的方法。

a. 通过元件库浏览器放置元件

如图 2-67 所示,在元件库选择区中选中元件 CAP 所在元件库 Miscellaneous Devices. Lib,则该元件库中的所有元件按首字母的顺序出现在元件浏览区中,然后利用滚动条找到 CAP,或者直接在 Filter 栏中输入 CAP 并回车,最后双击元件名称 CAP 或单击元件名称后按 Place 按钮。此时,鼠标箭头下面出现十字形光标,且粘着浮动的元件符号,将符号移动到图纸上适当的位置后,单击鼠标左键放置即可,如图 2-69 所示。

(a)放置前   (b)放置后   (c)编辑后

图 2-69　元件放置过程

b. 通过菜单、快捷键或工具按钮放置元件

执行菜单命令 Place/Part、快捷键 P + P、鼠标右键或直接单击 Wiring Tools 工具栏上的 ⊅ 按钮,打开"Place Part"放置元件对话框,如图 2-70 所示。参照表 2-2 输入所有内容后,单击 OK 按钮确认,此时元件便出现在光标处,单击左键放置在图纸上。

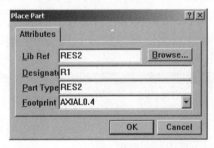

图 2-70　放置元件对话框

c. 查找元件

放置元件时,如果不知道元件在哪个元件库中,可以使用 Protel 99 SE 的搜索功能,方便地查找所需元件。单击如图 2-67 所示的元件浏览区的 Find 按钮,打开如图 2-71 所示的查找元件对话框。输入所需搜索的元件名称,单击 Find Now,即自动搜索,搜索到以后,单击 Place 按钮,即可放置该元件。

可以参照图 2-52 温度控制仪原理图和表 2-2 温度控制仪原理图元件清单中元件的位置和参数值,灵活运用上述放置元件的方法,放置好所有元件(自定义元件除外)。

(6)新建一个元件库文件"自定义元件库. Lib"

在表 2-2 中,有些特殊元件在系统元件库中是找不到的,如:TL431、ZLG7289 等,还有的元件找不到完全一样的,如:7LED_SEG(七段 LED 数码管)等,对于这些元器件,可以利用 Protel 99 SE 提供的元件库编辑器进行编辑。

选取 Schematic Document 新建一个原理图文档。系统便新建了一个原理图文件 Sheet1. Sch,并自动添加到项目"温控仪. ddb"的文件夹(Documents)中。在文件夹中,对原理图文件 Sheet1. Sch 单击鼠标右键,将其文件名修改为"温控仪. Sch"。

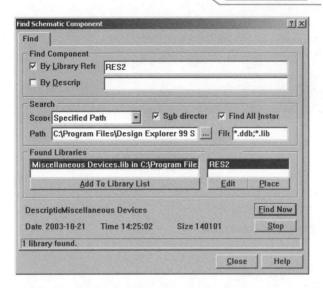

图 2-71　查找元件对话框

①首先在当前设计管理器环境下,执行菜单命令 File/New,系统将显示"New Document"新建文件对话框,如图 2-57 所示。

②选择原理图库文件编辑器图标,双击图标或单击 OK 按钮,系统便新建了一个元件库文件 Schlib1. Lib,并自动添加到项目"温控仪.ddb"的文件夹(Documents)中,再对其单击鼠标右键,修改文件名为"自定义元件库.Lib",如图 2-72 所示。

图 2-72　新建自定义元件库对话框

③双击设计管理器中"自定义元件库. Lib"文档图标,进入原理图元件库编辑工作界面,单击窗口左侧的 Browse SchLib 面板,系统已自动新建了一个自定义元件 Component1,如图 2-73 所示。

执行菜单 Tools/Rename Component,在弹出的对话框中输入当前元件的名称,单击"OK"进入新建元件工作界面。利用绘图工具栏(SchLibDrawing Tools)和 IEEE 工具栏(SchLibIEEE Tools)中的工具就可以创建新元件了。

(7)绘制自定义元件 7LED-SEG

下面以温度控制仪电路中共阴极七段 LED 数码管为例,创建新元件符号

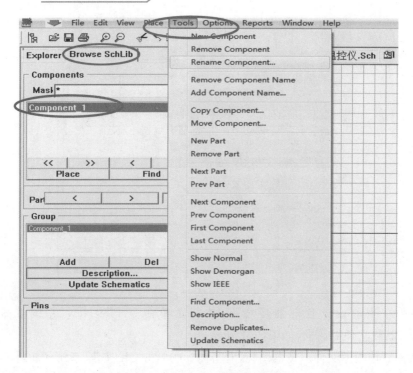

图 2-73　原理图元件库编辑工作界面

7LED-SEG,具体操作步骤如下:

①绘制数码管 7LED-SEG 外形

执行菜单命令 Place/Rectangle 或单击绘图工具栏中的按钮 □ 来绘制一个直角矩形,将编辑状态切换到画直角矩形模式。此时,鼠标箭头下方出现十字形光标,且粘贴一个浮动的矩形,鼠标左键单击坐标轴原点(X:0,Y:0),把它定为直角矩形的左上角,然后,向下拉动光标到适当位置,再单击鼠标左键,确定数码管元件的外形。如图 2-74 所示,也可以在后面的绘制过程中根据需要对其大小进行调整。

②添加数码管 7LED-SEG 引脚

执行菜单命令 Place/Pins 或单击绘图工具栏上的 ⏛ 图标,可将编辑模式切换到放置引脚模式。此时,鼠标箭头下方出现十字形光标,且粘贴一个浮动的引脚,带圆圈的一端表示电气节点。按 Space 键将引脚的电气节点旋转向外,并移动光标到如图 2-74 所示的元件外形的适当位置,单击鼠标左键完成第一个引脚的放置。用同样的方法放置其余的 9 个引脚,完成添加数码管 7LED-SEG 引脚的操作。

③编辑数码管 7LED-SEG 属性

双击要编辑的引脚,或在鼠标左键单击确认放置前按 Tab 键,进入"引脚属性"对话框,按表 2-6 所示的引脚属性(如:Name、Number、Electrical、Show 等)对各个引脚进行编辑,如图 2-75 所示。

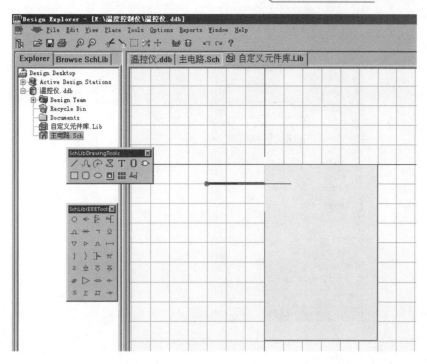

图 2-74　绘制数码管外形及引脚界面

表 2-6　　　　　　　　　　　7LED-SEG 元件属性表

元件标号	DS?		
元件名称	7LED-SEG		
元件的部件数(Part)	1		
元件封装	LEDGUAN(自制)		
元件引脚数	10		
元件引脚说明 元件引脚编号	引脚名称	引脚电气特性	引脚显示状态
1	a	Input	显示
2	b	Input	显示
3	c	Input	显示
4	d	Input	显示
5	e	Input	显示
6	f	Input	显示
7	g	Input	显示
8	dp	Input	显示
9	com	Output	显示
10	com	Output	显示

　　在自定义元件库的 Browse SchLib 选项卡中,鼠标左键单击 Description 按钮,进入"Component Text Fields"元件文本对话框,按表 2-6 所示的元件属性(如:Default、Sheet Part、Description 等)进行编辑,如图 2-76 所示。

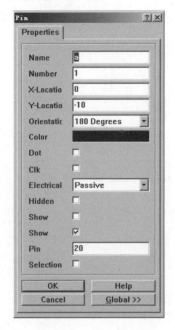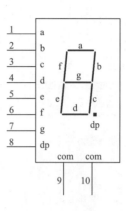

图 2-75 数码管引脚编辑界面

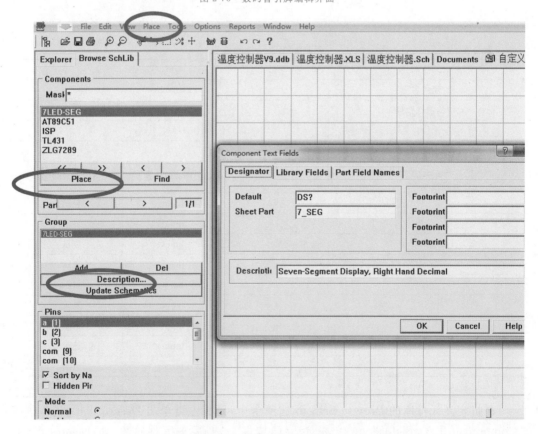

图 2-76 数码管信息编辑界面

数码管元件创建完成后,用鼠标单击设计管理器中的 Place 按钮,设计窗口切换到原理图编辑状态,同时出现一个随光标浮动的元件符号,单击鼠标左键即可放置。也可以在添加"自定义元件库. Lib"后,从其元件浏览区中选取放置。

(8)绘制其余自定义元件 ZLG7289、TL431

如图 2-77 所示,在自定义元件库的 Browse SchLib 选项卡中,执行菜单 Tools/New Component,进入"New Component Name"新建元件对话框,输入新建元件名,单击 OK 即可再次进入新建元件工作界面。根据表 2-3、表 2-4 中自制元件参数来绘制元件 ZLG7289、TL431。

图 2-77 新建元件对话框

(9)放置自定义元件 7LED-SEG、ZLG7289、TL431

①装载"自定义元件库. Lib"

在资源管理器(Explorer)中,单击库文件"温控仪. ddb",双击原理图文件"温控仪. Sch",选择 Browse Sch 选项卡,在 Browse 选项下方右侧下拉按钮中选择 Libraries,单击"Add/Remove…"按钮,选择自制元件库文件的路径并添加"自定义元件库. Lib"。

②放置自定义元件 7LED-SEG、ZLG7289、TL431

在自定义元件库的 Browse SchLib 面板中,可以从其元件浏览区中分别选中这三个自制元件,并拖动到当前原理图中。

(10)元件布局

放置好所有元件并编辑好它们的属性后,为了后面原理图走线的方便和电路图的整体美观,接下来的工作就是将这些堆积的乱七八糟的元件按照一定的规则进行布局,如:按照电路的功能模块划分、遵循电路信号的流向等。

元件布局的主要任务是对原理图中元件和相关对象的位置和方向进行移动、旋转、复制、删除和剪切等操作,所以,在元件布局过程中,必然会综合运用到相关的工具,如:对象的选取/取消选取,对象的移动、旋转、复制、粘贴,对象的排列和对齐等等。

元件布局只是一次大体布局,在原理图布线的时候还有可能要变动,特别是在电路比较复杂、元件比较多的时候,可以先以功能模块电路为单位,然后在每一个功能模块电路中再固定一个核心元件,多次挪动其他辅助元件就可以了。以较复杂的功能模块电路——温度控制仪键盘显示接口电路为例,先固定其核心集成电路 ZLG7289 的位置,然后再调整时钟电路、复位电路、显示电路、键盘电路的位置,最后多次挪动各电路相应的元件即可。

(11)放置电源与接地符号

在温度控制仪电路原理图中,除了放置表 2-2 所列的元件外,还需要放置电源与接地符号,才能构成一张完整的电路原理图。

V_{CC}电源与 GND 接地符号是电路原理图中最常用的符号,也是必不可少的符号,它有别于一般的电气元件。可以通过执行菜单命令 Place/Power Port,或单击 Wiring Tools 连线工具栏"接地"图标按钮来调用,此时编辑窗口中会有一个随鼠标指针移动的电源符号,按 Tab 键,即出现如图 2-78 所示的 Power Port 对话框。

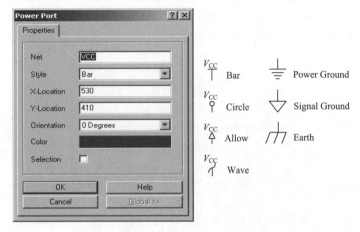

图 2-78　电源与接地符号及其属性编辑界面

在对话框中可以编辑电源属性,在 Net 栏中修改电源符号的网络名称,在 Style 栏中修改电源类型,用 Orientation 修改电源符号放置的角度。电源与接地符号在 Style 下拉列表中有多种类型可供选择,如图 2-78 所示。

(12)连接线路

所有元件放置完毕,再经过元件编辑、元件布局后,就可以进行电路图中各对象间的连接了。连接的主要目的就是按照电路设计的要求建立网络的实际连通性。可以利用 Protel 99 SE 提供的各种工具,将图纸上的元件用具有电气意义的导线、网络标号连接起来,构成一个完整的原理图。

①绘制导线

通过绘制导线(Wiring)可以将原理图中各个对象的引脚按一定的网络实际直接连接起来,使其具有电气连接特性。绘制导线时,单击布线工具栏(Wiring Tools)中的 ≈ 图标或选择菜单 Place/Wire,此时鼠标箭头下方出现十字形光标,说明当前系统已切换到连线模式,其操作步骤如下:

a. 先拖动鼠标箭头至要连线的元件端点上,十字形光标与元件端点交点处出现一个黑色大圆点,说明系统已自动捕捉到电气节点,单击鼠标左键确定导线的一端,出现一条随鼠标箭头移动的预拉线。

b. 继续拖动鼠标箭头,预拉线就会随十字形光标移动,每到连线的一次转弯点时,单击鼠标左键一次,就可以定位一次转弯。

c. 当拖动预拉线到待连接的元件端点上时,十字形光标与元件端点交点处再次出现一个黑色大圆点,先单击鼠标左键来确定导线的另一端,再单击鼠标右键来终止此次连线,这样一根导线就算绘制完成了。

在绘制导线的过程中,可按键盘空格键改变导线拐角模式,每按一次空格键,系统按导线 90°、45°和任意角度改变导线拐角模式;也可以按 Tab 键,弹出"Wire"导线属性对话框来改变导线属性,如图 2-79 所示。

图 2-79　绘制导线属性对话框

②放置节点符号

绘制完导线后,需要在部分交叉的连线上放置电气节点。由于前边"设置 Protel 99 SE 设计环境"时,设置了禁止自动放置节点功能,所以在交叉的连线上是不会自动放置节点的。现在需要在该加节点的位置手工放置节点符号。放置节点时,单击布线工具栏(Wiring Tools)中的 图标或选择菜单 Place/ Junction,这时鼠标箭头下方出现十字形光标指针,十字形光标中心处附着一个小黑点。将鼠标箭头指向欲放置节点的位置,单击鼠标左键即可,单击鼠标右键或按 Esc 键退出放置节点状态。

③绘制总线,放置总线出入端口,放置网络标号

总线是一组功能相同的导线,在默认状态下是一条粗线。在绘制电路原理图时,经常用来连接电路中引脚较多的对象,以达到简化线路和美观的目的。本温度控制仪电路中就用到了单片机的数据总线、七段 LED 数码管的字线等。

如图 2-80 所示,在本温度控制仪电路中,单片机 AT89S51 与模/数转换芯片 ADC0809 之间的数据口相连,通过总线、总线出入端口和网络名称 D0,表示单片机 P0.0 引脚与 ADC0809 的第 17 引脚电气相连。

a. 绘制总线

单击布线工具栏(Wiring Tools)中的 图标,即可启动画总线模式。在原理图中合适位置单击鼠标左键,确定总线起点,再拖动光标移动,每单击一次鼠标左键确定一次总线的拐点,最后单击鼠标右键或按 Esc 键,确定总线终点。鼠标左键双击原理图中的总线,或者在绘制总线状态下按 Tab 键,都会启动如图 2-81 所示的"Bus"总线属性对话框,可以自行设置总线属性。

b. 放置总线出入端口

总线出入端口是单一导线进出总线的端点,没有任何电气连接意义。单击布线工具

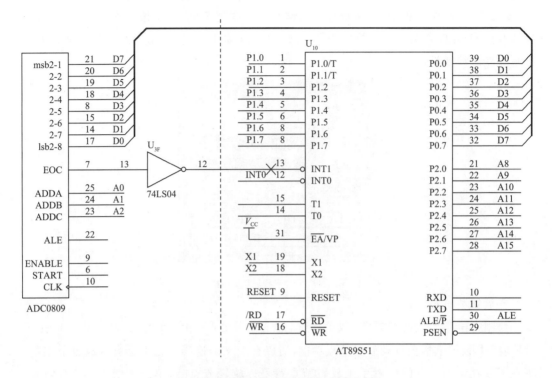

图 2-80　总线、总线出入端口和网络名称示意图

图 2-81　总线属性对话框

栏（Wiring Tools）中的 图标，即可启动放置总线出入端口模式。在原理图中合适位置单击鼠标左键，即可确定其位置。不同位置连续单击可连续放置，单击鼠标右键或按 Esc 键，结束放置总线出入端口状态。放置过程中按空格键可逆时针旋转总线出入端口方向。

　　④放置网络标号

　　单击布线工具栏（Wiring Tools）中的 图标，即可启动放置网络标号模式。将光标移到要放置网络标号的导线或总线上，光标上产生一个小圆点，表示光标已经捕捉到该导线，单击鼠标即可正确放置一个网络标号。连续单击实现连续放置。放置过程中按空格键可逆时针旋转网络标号方向。

鼠标左键双击原理图中的网络标号，或者在放置网络标号状态下按 Tab 键，都会启动如图 2-82 所示的"Net Label"网络标号属性对话框，可以自行设置其属性，如：Net(网络名称)等。注：在放置网络标号状态下按 Tab 键，将网络标号设置成标号后带数字的名称时，连续放置时，网络标号中的数字会自动累加。

（13）电路 ERC 检查

电气规则检查(ERC)是按照一定的电气规则，检查电路图中是否有违反电气规则的错误。ERC 检查报告以错误(Error)或警告(Warning)来提示。电气规则检查完成后，系统会自动生成检测报告，并在电路图中有错误的地方放上红色的标记⊗。

图 2-82 网络标号属性对话框

执行菜单 Tools / ERC，或者在原理图图纸空白处单击鼠标右键，选择 ERC，系统会弹出"Setup Electrical Rule Check"对话框，可以分别单击"Setup"选项卡进行电气规则检查设置和"Rule Matrix"选项卡进行检查电气规则矩阵设置，如图 2-83 所示。对话框中各项参数一般选择默认，单击"OK"开始检查。系统 ERC 检测后，给出检测报告文件"温控仪.ERC"。

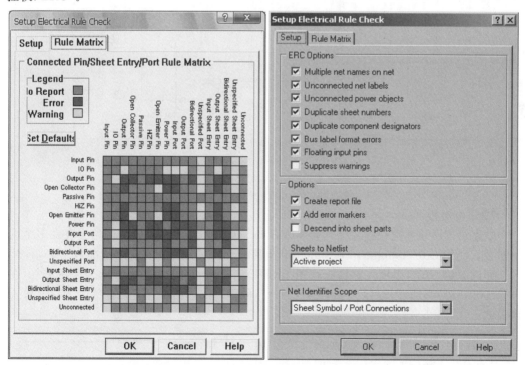

图 2-83 设置电气规则检查对话框

①未连接类错误

电路原理图未连接类错误主要包括 Unconnected net labels(未实际连接的网络标

号)、Unconnected power objects(未连接的电源或接地符号)、Floating input pins(存在输入引脚悬空的情况)。

如图 2-84 所示,温度控制仪原理图 ERC 检测报告显示:网络标号 U2-4 和 U2-10 未实际连接且输入引脚悬空。系统会自动地在原理图上的元件 U_2 的第 4 引脚和第 10 引脚处放置错误标记,如图 2-85(a)所示。

图 2-84　未连接类错误报告

根据错误提示,分析原因,由于 U_2 的第 4 引脚和第 10 引脚是输入引脚,电路中没有给它接输入信号。单击连线工具栏中的 ✕ 图标,放置忽略 ERC 测试点符号,给它们放上免检标志,如图 2-85(b)所示,再执行一次 ERC 检查,错误报告就没有了。

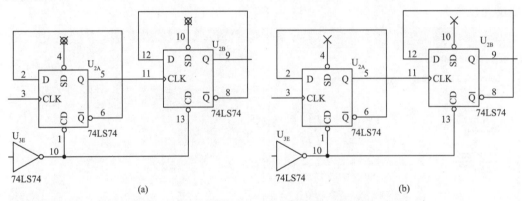

图 2-85　未连接类错误标记与放置忽略 ERC 测试点符号

②重复类错误

电路原理图重复类错误主要包括 Multiple net names on net(同一网络上存在多个网络标号)、Duplicate component designator(电路中元件标号存在重复的情况)。

如图 2-86 所示,温度控制仪原理图 ERC 检测报告显示:元件标号 R_{161} 存在重复,在坐标(309,561)和(309,511)。系统会自动地在原理图上的两个重复元件标号 R_{161} 处放置错误标记,如图 2-87(a)所示。

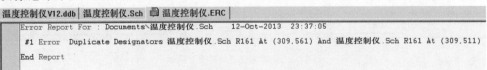

图 2-86　重复类错误报告

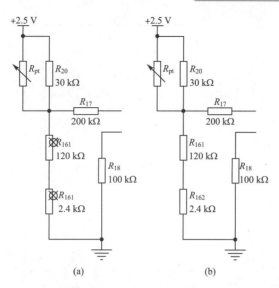

图 2-87　重复类错误标记与修改

　　根据错误提示,分析原因,对照原理图,发现 2.4 kΩ 的电阻元件标号应该是 R_{162},将 R_{161} 修改为 R_{162} 后,如图 2-87(b)所示,再执行一次 ERC 检查,错误报告就没有了。

　　③电气特性不一致

　　电气规则检查可检查电路图中是否有电气特性不一致的情况。例如,某个元件的输出引脚连接到了另一个元件的输出引脚,就会造成信号冲突。如图 2-88 所示,温度控制仪原理图 ERC 检测报告显示:I/O 引脚与输出引脚信号冲突,分别是 U_{10} 的第 13 引脚和 U_3 的第 12 引脚。系统会自动地在原理图上的对应连接处放置错误标记,如图 2-89 所示。

图 2-88　电气特性不一致错误报告

　　根据错误提示,分析原因,将 U10-13 引脚和 U3-12 引脚的电气特性(Electrical)修改为 Passive 后,再执行一次 ERC 检查,错误报告就没有了。

　　逐一排除错误后,重新执行 ERC 检查,直至检查报告不再显示错误为止。

　　(14)生成网络表

　　一般来说,绘制原理图(SCH)的最终目的就是进行印制板(PCB)设计,网络表在原理图(SCH)和印制板(PCB)之间起到一个桥梁作用。网络表文件(*.Net)是一张电路图中全部元件和电气连接关系的列表,它包含电路中的元件信息和连线信息,是电路板自动布线的灵魂。

　　在生成网络表前,必须对原理图中所有的元件设置好元件标号(Designator)和封装形式(Footprint)。执行菜单 Design/Create Netlist,屏幕上出现生成网络表对话框,如图 2-90 所示,选择系统默认值即可。单击"OK"按钮,系统产生网络表文件"温控仪.Net",文件名默认与原理图一样,如图 2-91 所示。

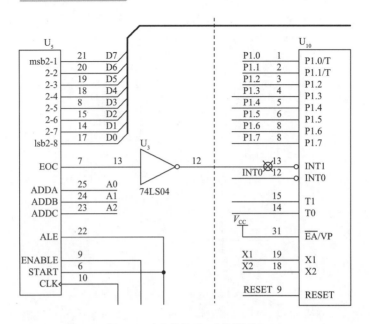

图 2-89　电气特性不一致错误标记

图 2-90　生成网络表对话框

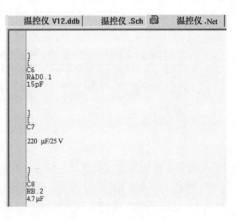

图 2-91　生成网络表文件

　　如图 2-91 所示,网络表是一种文本式文档,由两个部分组成。一部分为元件描述段,以"["和"]"将每个元件单独归纳为一项,每项都包括元件序号、元件名称和封装形式;第二部分为电路的网络连接描述段,以"("和")"把电气上相连的元件引脚归纳为一项,并定义一个网络名。

　　"["表示元件描述开始符号,R_1 表示元件标号(Designator),AXIAL0.4 表示元件封装(Footprint),10 k 表示元件型号或标称值(Part Type),三空行对元件作进一步说明,可用可不用,"]"表示元件描述结束符号。"("表示一个网络的开始符号,NET_V_1-1 表示网络名称,R_1-1 表示网络连接点:R_1 的 1 脚,V_1-1 表示网络连接点:V_1 的 1 脚,")"表示一个网络结束符号。

(15)生成元件列表

电路原理图绘制完毕,需要打印输出原理图文件,并且还要生成一份元件清单,便于元器件的采购或装配。执行菜单 Reports/Bill of Material,系统弹出"BOM Wizard"对话框,如图 2-92 所示。

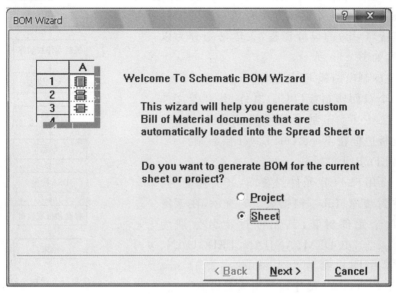

图 2-92　生成元件清单对话框

也可以选择相应选项,单击"Next",一步步地产生所需元件清单文件"温控仪.xls",如图 2-93 所示。元件清单文件列出了温度控制仪电路图中所用元件的型号、元件标号、封装形式等。

	温控仪 .ddb	温控仪 .Sch	温控仪 .ERC	温控仪 .xls
A1	Part Type			

	A	B	C	D
1	Part Type	Designator	Footprint	Description
2	0.1 μF	C15		Capacitor
3	0.1 μF	CU1	RAD0.1	Capacitor
4	0.1 μF	C4	RAD0.1	Capacitor
5	0.1 μF	CU3	RAD0.1	Capacitor
6	0.1 μF	CU2	RAD0.1	Capacitor
7	1 k	R2	AXIAL0.3	
8	1 k	R25	AXIAL0.4	
9	1 k	R24	AXIAL0.4	
10	2.4 k	R162	AXIAL0.4	
11	2 k	R28	AXIAL0.3	
12	4.7 μF	C8	RB.2	Capacitor
13	4.7 μF	C9	RB.2	Capacitor
14	6.2 k	R27	AXIAL0.3	
15	10 k	R13	AXIAL0.3	
16	10 k	R4	AXIAL0.3	
17	10 k	R3	AXIAL.3	
18	10 k	R15	AXIAL0.4	
19	12 M	U11	XTAL1	Crystal
20	15 pF	C6	RAD0.1	Capacitor
21	15 pF	C5	RAD0.1	Capacitor
22	15 pF	C1	RAD0.1	Capacitor
23	15 pF	C2	RAD0.1	Capacitor
24	20k	R22	AXIAL 0.4	

图 2-93　元件清单文件

2.3.1.2 温度控制仪印制板设计

1. 任务要求

电路设计的最终目的是为了设计出电子产品，而电子产品的物理结构是通过印制电路板来实现的。Protel 99 SE 为设计者提供了一个完整的电路板设计环境，使电路设计更加方便有效。温度控制仪印制电路板(PCB)的设计流程，大体可划分为以下几个步骤，如图 2-94 所示。

(1)创建印制电路板 PCB 文件

创建一个双面印制板(PCB)文件，其有效文件名为：温控仪. Pcb。印制板外形尺寸为 12 cm × 15 cm，印制板边框在 Keep Out Layer 层绘制。

(2)创建 PCB 元件封装

创建一个用户 PCB 元件封装库，其文件名为：自定义元件封装库. Lib。根据表 2-7 所示，在该库内共创建六个元件封装，其元件封装名分别为 RB. 2、RB. 1/. 2、DIODEM、ANJIAN、LEDGUAN、JDQ。表 2-7 中网格参数为 Visible2 = 2. 54 mm (100 mil)，各焊盘(Pad)尺寸均采用缺省设置，焊盘形状、编号及间距以图示为准，以上各封装均为直插形式。

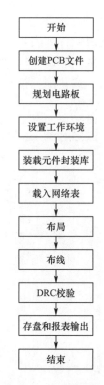

图 2-94 温度控制仪印制电路板设计流程图

表 2-7 温度控制仪自制封装信息表

自制封装名称	自制封装图形	自制封装尺寸要求
RB. 2	100(mil)	X - Size： Y - Size： Hole Size：
RB. 1/. 2	100(mil)	X - Size： Y - Size： Hole Size：
DIODEM	400(mil)	X - Size： Y - Size： Hole Size：
ANJIAN	200(mil) 300(mil)	X - Size： Y - Size： Hole Size：

（续表）

自制封装名称	自制封装图形	自制封装尺寸要求
LEDGUAN	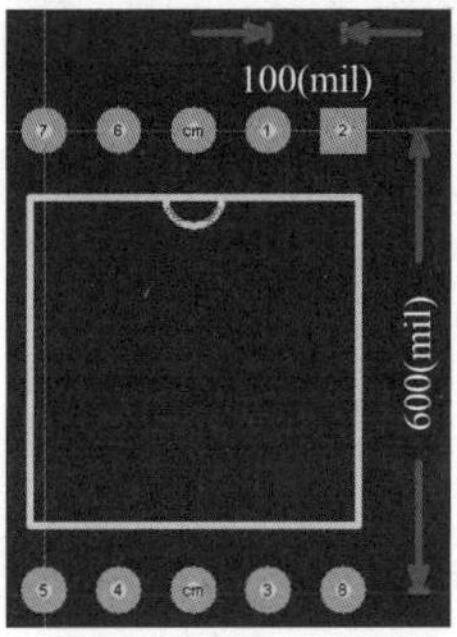	X－Size： Y－Size： Hole Size：
JDQ	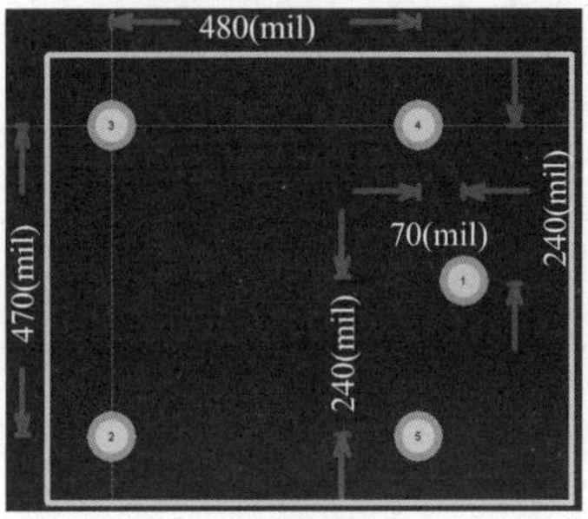	

（3）绘制印制电路板

温度控制仪 PCB 绘制的基本要求如下：

①双面印制电路板。顶层水平布线，底层垂直布线；

②网格参数为 Visible2＝25.4 mm（1000 mil）；

③地线（GND）宽为 30 mil，电源线（V_{CC}）宽为 20 mil，其余线宽均为 10 mil；

④自动布局和手工布局，自动布线并手工调整布线；

⑤部分地覆铜，安装孔孔径 80 mil。

2. 任务实施

（1）创建印制电路板 PCB 文件

要想把原理图中的电路信息（网络表与元器件封装）载入到 PCB 印制电路板设计系统，首先需要创建一个新的 PCB 文件。在 Protel 99 SE 中创建新的 PCB 文件的方法有两种：一是直接执行菜单命令，二是利用 PCB 文件向导。下面以 PCB 文件向导为例来说明，直接执行菜单命令的方法在后面绘制电路板过程中实现。

①启动 PCB 文件向导。

如图 2-95 所示，进入"New Document"新建文件对话框，单击 Wizards 选项卡，在该列表中单击 Printed Circuit Board Wizard，系统会弹出如图 2-96 所示的 PCB 生成向导欢迎画面。

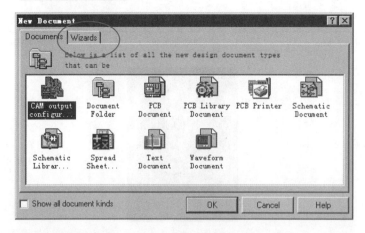

图 2-95　新建文件对话框

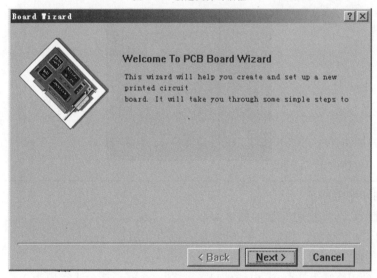

图 2-96　PCB 生成向导欢迎画面

②单击 Next 按钮,进入下一步,弹出如图 2-97 所示的对话框,在下面列表框中选择一种印制电路板模板,此处选择 Custom Made Board 选项,根据需要自定义电路板尺寸。

③单击 Next 按钮,弹出如图 2-98 所示的对话框,设置 PCB 板的各项参数。

a. Width:设置 PCB 板宽度,修改为 4800 mil(12 cm);

b. Height:设置 PCB 板高度,修改为 6000 mil(15 cm);

c. 设置 PCB 板外形:选择 Rectangular(矩形);

d. Boundary Layer:设置 PCB 板边界层,采用系统默认 Keep Out Layer 禁止布线层;

e. Dimension Layer:设置 PCB 板尺寸标注,采用系统默认 Mechanical Layer 4;

f. Track Width:设置边界线的宽度,采用系统默认值 10 mil;

g. Dimension Line Width:设置 PCB 板尺寸标注线的宽度,采用系统默认值 10 mil;

h. Keep Out Distance From Board Edge:设置 PCB 板电气边界到物理边界的距离,

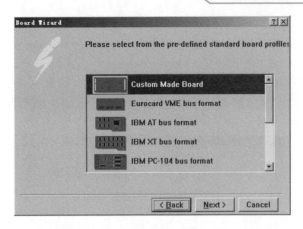

图 2-97　设置印制电路板模板

此处设置为 50 mil，也即电气边界与物理边界的距离为 50 mil；

　　i. Dimension Lines：选中该复选框，在文件中显示尺寸标注线。其他复选框不选。

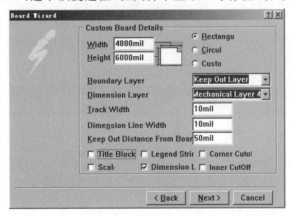

图 2-98　设置印制电路板的各项参数

　　④单击 Next 按钮，会弹出如图 2-99 所示的对话框，显示设置后自定义温度控制仪
PCB 板的外形和尺寸。

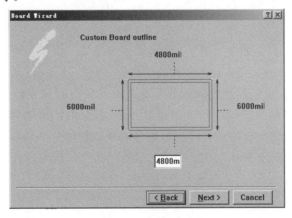

图 2-99　设置后印制电路板外形尺寸

⑤单击 Next 按钮,会弹出如图 2-100 所示的对话框。设定 Signal Layers 的层数,以及 Power Planes 的层板。此处设计的是双面板,有两个信号层,不存在内电层,设置如图 2-100 所示。

⑥单击 Next 按钮,会弹出如图 2-101 所示的对话框。设置电路板上的过孔(Vias)样式,Thruhole Vias only 表示通孔,Blind and Buried Vias only 表示盲孔和半盲孔。此处选择过孔样式为通孔,设置如图 2-101 所示。

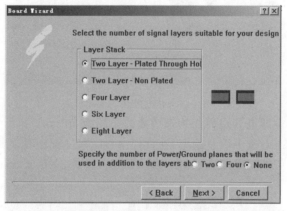

图 2-100 设置印制电路板的板层

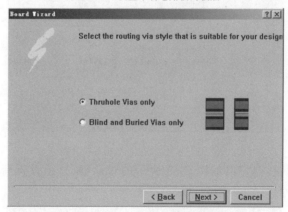

图 2-101 设置印制电路板的过孔类型

⑦单击 Next 按钮,会弹出如图 2-102 所示的对话框。设置所设计的电路板主要采用 Surface-mounted Components(表面贴装的元器件)还是 Through-hole Components(传统双列直插式元器件)。此处设置电路板上主要采用双列直插式元器件;同时,设置本电路板上双列直插式元器件的焊盘之间可以通过几根铜膜导线,有三种选择:一根,两根,三根。此处选择两焊盘之间仅能通过一根铜膜导线。设置如图 2-102 所示。

⑧单击 Next 按钮,会弹出如图 2-103 所示的对话框。用来设置如下参数:

a. Minimum Track Size:设置最小导线线宽,此处设置为 10 mil;

b. Minimum Via Width:设置过孔的最小直径,此处设置为 50 mil;

c. Minimum Via HoleSize:设置过孔的最小通孔孔径,此处设置为 28 mil;

d. Minimum Clearance:设置线间的最小安全间距,此处设置为 8 mil。

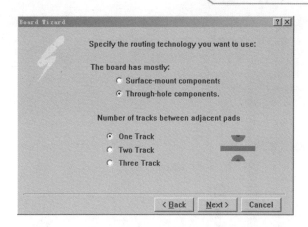

图 2-102 设置印制电路板的元器件类型

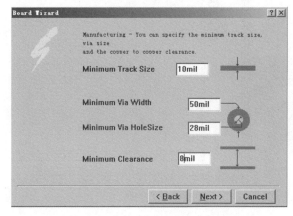

图 2-103 设置印制电路板导线和过孔属性

⑨单击 Next 按钮,会弹出如图 2-104 所示的对话框,表示 PCB 印制电路板文件参数设置完毕,单击 Finish 按钮,即可完成 PCB 文件生成向导的设置,同时,系统进入 PCB 印制电路板编辑系统,如图 2-105 所示。

图 2-104 完成印制电路板的设置对话框

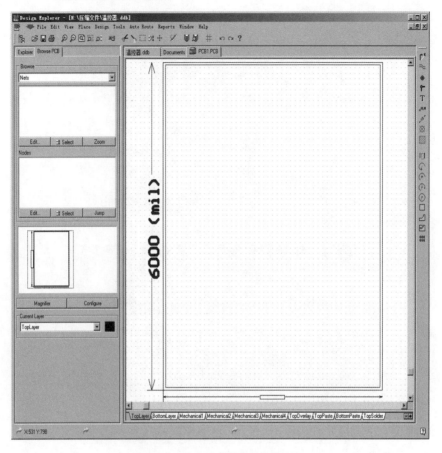

图 2-105　PCB 印制电路板编辑界面

⑩利用 PCB 文件向导创建的 PCB 文件自动保存为 PCB1. PCB,可执行菜单命令 File/Save As,把新建的 PCB 文件保存到指定的路径下,并更名为:温控仪. PCB。

(2)创建 PCB 元件封装

①创建元件封装库

执行菜单命令 File/New,系统弹出新建文件对话框。

选择 PCB Library Document 图标,单击 OK 按钮,即可创建一个元件封装库文件: PCBLIB1. Lib,可自行修改文件名为:自定义元件封装库. Lib。

双击设计管理器中的元件封装库文件"自定义元件封装库. Lib"图标,就可以进入元件封装库编辑界面。如图 2-106 所示。

②创建元件封装

下面以创建元件封装 RB. 1/. 2 为例,讲述元件封装的创建过程,其图形和参数见表 2-7 所示。在图 2-106 元件封装库编辑界面,具体操作步骤如下。

单击 PCB Lib Placement Tools 工具栏中的 ⊙ 按钮,放置元件封装 RB. 1/. 2 的两个焊盘,编号分别为 1 和 2,间距为 100 mil 或 2.54 mm,测量尺寸可借助工具栏里的 ⊿ 工具。如图 2-107 所示。

图 2-106　元件封装库编辑界面

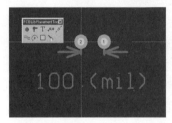

图 2-107　放置元件封装 RB.1/.2 的两个焊盘

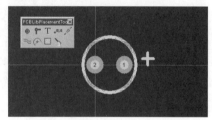

图 2-108　元件封装 RB.1/.2 的外形

鼠标单击图 2-106 下方的工作层标签,选取 TopOverlay 为当前的工作层,然后分别选择工具栏中的 ⊕ 和 ≈ 工具,绘制元件封装 RB.1/.2 的外形,如图 2-108 所示。

执行菜单命令 Tools/Rename Component,弹出如图 2-109 所示对话框,输入 RB.1/.2,单击 OK 按钮,即可新建元件封装 RB.1/.2。

图 2-109　元件封装重命名对话框

运用上述操作方法,可根据表 2-7 中其余的五个元件封装(RB.2、DIODEM、ANJIAN、LEDGUAN、JDQ)的图形和参数来绘制。

(3)印制板绘制

①新建印制板文档

打开设计数据库文件"温控仪.ddb",执行菜单命令 File/New,或者在其文件夹(Documents)中右击,选择 New…选项,系统将弹出"New Document"新建文件对话框,如图 2-95 所示。

选择 PCB 文档(PCB Document)图标,双击该图标,建立 PCB 设计文档并修改文件名为"温控仪.PCB"。双击文档图标,进入温度控制仪 PCB 设计编辑器界面,如图 2-110所示。印制板的所有参数需要用菜单命令另行设置。

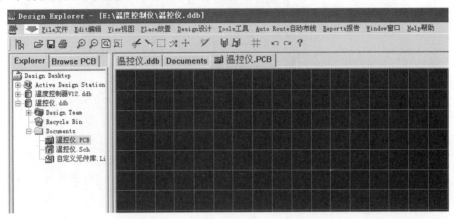

图 2-110 温度控制仪 PCB 设计编辑器界面

②设置 PCB 板工作环境

设置 PCB 板工作环境包括光标显示、板层颜色、系统默认设置、PCB 设置等。如果没有什么特殊的要求,大部分参数设置都可以使用默认值。

执行菜单命令 Tools/Preference,系统弹出如图 2-111 所示的 PCB Preferences 设置对话框。它共有六个选项卡,即:Options 选项卡、Display 选项卡、Colors 选项卡、Show/Hide 选项卡、Defaults 选项卡、Signal Integrity 选项卡。

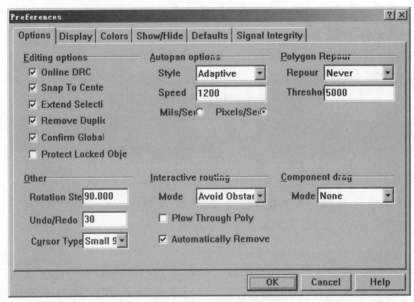

图 2-111 PCB Preferences 设置对话框

③规划印制板

在绘制印制板之前,用户要对印制板有一个初步的规划,比如印制板的物理尺寸,是单面板、双面板还是多层板,安装位置等。这是一项极其重要的工作,是确定印制板设计的框架。

a. 设置板层

执行菜单命令 Design/Options,系统将弹出如图 2-112 所示的 PCB Document Options 对话框,在"Signal Layer"中选择 TopLayer 和 BottomLayer,把印制板定义为双面板。

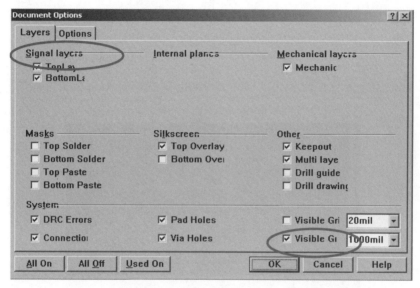

图 2-112 PCB Document Options 对话框

信号层就是用来完成印制板铜箔走线的布线层。在设计双面板时,一般只使用 TopLayer(顶层)和 BottomLayer(底层)两层。网格参数为 VisibleGrid2 = 25.4mm(1000 mil)。

单击如图 2-112 所示的 Options 选项卡,还可进行格点设置、电气栅格设置、计量单位设置等。如图 2-113 所示。这里没有特殊要求,其他参数可设置默认不变。

b. 设置边界

印制电路板边界包括物理边界和电气边界。物理边界就是一块印制电路板的实际物理尺寸;而电气边界是指在印制电路板上可以布线和放置元器件的区域。电气边界是用来限定 PCB 工作区中有效放置对象的范围,所以电气边界的尺寸一定要小于物理边界,且必须在 PCB 编辑器的 KeepOutLayer 中设置,只有设置了印制电路板的电气边界才能进行下一步的工作。因此,为了避免印制电路板在加工、使用过程中的磨损,从而影响印制电路板的电气连接或功能,一般电气边界与物理边界的距离默认为 50 mil。

边界的设置方法有两种,一是单击 PCB 板编辑区下方的工作层标签,选取 KeepOutLayer 禁止布线层为当前的工作层,如图 2-114 所示。二是执行菜单命令 Place/KeepOut/Track,依次绘制电路板的物理边界和电气边界。

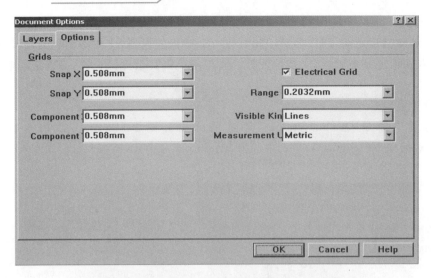

图 2-113　PCB Document Options 对话框 Options 选项卡

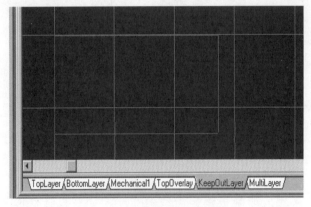

图 2-114　规划 PCB 板边界

④装入元件封装库

根据电路设计的需要，装入设计印制电路板所需要的系统元件封装库和自定义元件封装库。执行菜单命令 Design/Add/Remove Library，在"添加/删除元件库"对话框中选取所有元件所对应的元件封装库，例如：PCB Footprint、General IC、Miscellaneous、International Rectifiers、Transistor 等，如图 2-115 所示。元件封装库文件在系统中的存放路径是"\Program Files\Design Explorer 99 SE\Library\Pcb"。

⑤装入网络表

网络表是印制电路板自动布线的灵魂，也是电路原理图设计系统与印制电路板设计系统的接口。只有将网络表装入之后，才可能完成对印制电路板的自动布线。

执行菜单 Design/Load Nets 命令，然后在弹出窗口中单击 Browse 按钮，在弹出的窗口中选择温度控制仪电路原理图设计生成的网络表文件（温控仪.Net），如果没有错误，单击 Execute 按钮。若出现错误提示，必须更改错误。加载网络表时，常见的错误和警告及其解决的办法有：

a. "Error：Footprint ××× not found in Library"

表示封装×××没有在库中被发现。一般为元件封装所在的库文件没有被加载,只需加载相应的元件封装库即可。

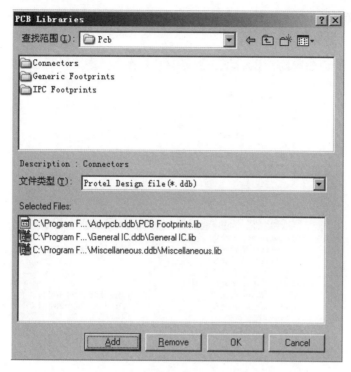

图 2-115　"添加/删除元件库"对话框

b. "Error：Component not found"

表示没有发现元件封装。原因可能是没有加载元件封装库文件,或是在绘制原理图时没有指定该元件的封装形式。应该回到原理图中,检查该元件是否指定封装,然后重新生成网络表,加载所需元件封装库文件,重复加载网络表操作。

c. "Error：Node not found"

表示元件封装可以找到,但是原理图引脚号和元件封装焊盘号不一致,例如,二极管A 改为 1,K 改为 2。

d. "Warning：Alternative footprint ×××"

表示封装×××引脚悬空。如果原理图中该引脚原本就没有用到,可以不必理会;如果该引脚用到了,则应该回到原理图中,检查该引脚上的布线,然后重新生成网络表,重复加载网络表操作。

装入网络表文件"温控仪.Net"后的结果如图 2-116 所示,系统提示有 137 个网络表错误,参照以上介绍的解决办法逐类排除后,还有六个自定义元件封装找不到,这六个自定义封装需要自己按照前面所述方法绘制完成。

⑥装载"自定义元件封装库.Lib",再次装入网络表

装载"自定义元件封装库.Lib":在资源管理器(Explorer)中,单击库文件"温控仪.ddb",双击 PCB 文件"温控仪.PCB",选择 Browse PCB 选项卡,在 Browse 选项下方右侧下拉按钮中选择 Libraries,单击 Add/Remove…按钮,选择自制元件封装库文件的路径并添加"自定义元件封装库.Lib"。

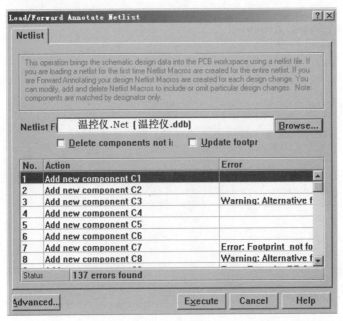

图 2-116　载入网络表对话框

再次装入网络表:操作步骤与第⑤步装入网络表相同,如图 2-117 所示,看到所有的错误都已排除。

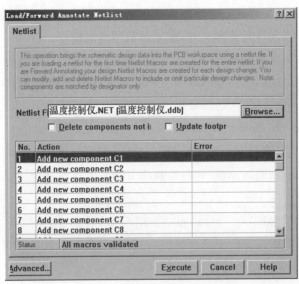

图 2-117　重新装入网络表后对话框

最后,单击图 2-117 中的 Execute 按钮,即可实现装入网络表与元件封装。载入温度控制仪网络表后的 PCB 文件编辑区,如图 2-118 所示。

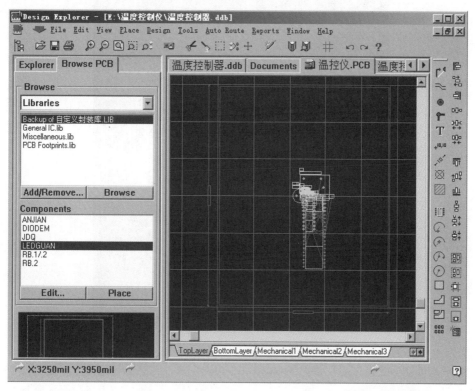

图 2-118　载入网络表后的 PCB 文件编辑区

⑦元器件布局

Protel 99 SE 既可以进行自动布局,也可以进行手工布局。常用的方式是先执行自动布局操作,然后再对不满意的地方或特殊元件进行手动调整,使布局更加合理美观,从而达到使用方便、抗干扰性强等目的。

元器件布局时除特殊要求,应遵循 PCB 板元器件布局的一般原则。考虑到温度控制仪电路的实际情况,元件布局可按照电路的流程安排各个功能电路单元的位置,信号流向安排成从左到右;每个电路以核心元件为中心,围绕它进行布局,尽量减少和缩短各个元件之间的引线和连接;与输入、输出端直接相连的元器件应当放在靠近输入、输出接插件或连接器的地方。由于温度控制仪电路中的元件不算多,所以采用手动布局方式。综合运用元件的选取、移动、旋转、排列、排齐等工具操作,完成的温度控制仪 PCB 板布局图如图 2-119 所示。

⑧布线规则设置

在印制电路板布局结束后,便进入印制电路板的布线过程。根据对温度控制仪 PCB 板的布线参数要求,自动布线前需设置相应的布线规则。

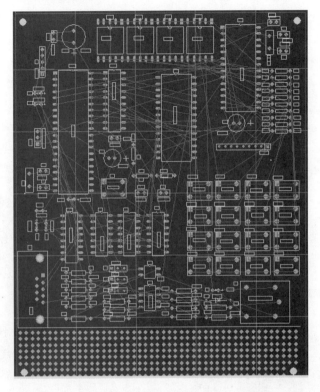

图 2-119　温度控制仪 PCB 板布局图

执行菜单命令 Design/Rules，选择 Routing 选项卡，根据设计要求，在规则类（Rule Classes）中设置参数，如图 2-120 所示。

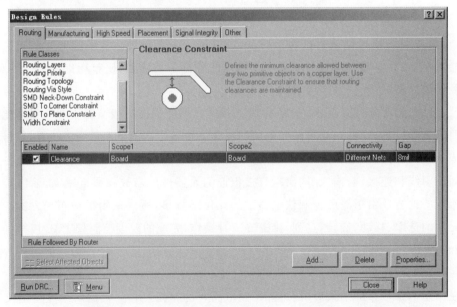

图 2-120　布线规则对话框

选择 Routing Layer,对布线工作层进行设置:单击 Properties 按钮,在"布线工作层面设置"对话框的"Rule Attributes"选项中设置 TopLayer 为"Horizontal"、设置 Bottom Layer 为"Vertical"。如图 2-121 所示,设置印制板为双面板,两面布线。

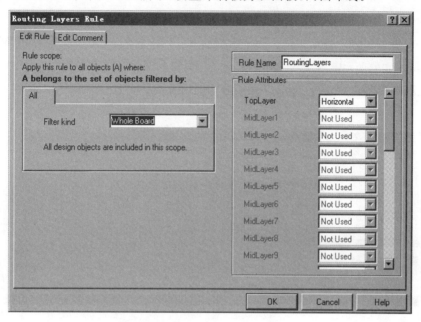

图 2-121　"布线工作层面设置"对话框

选择 Width Constraint,对布线宽度进行设置:单击 Add 按钮,进入布线宽度设置界面,首先在 Rule Scope 区域的 Filter Kind 选择框中选择 Net,如图 2-122 所示。

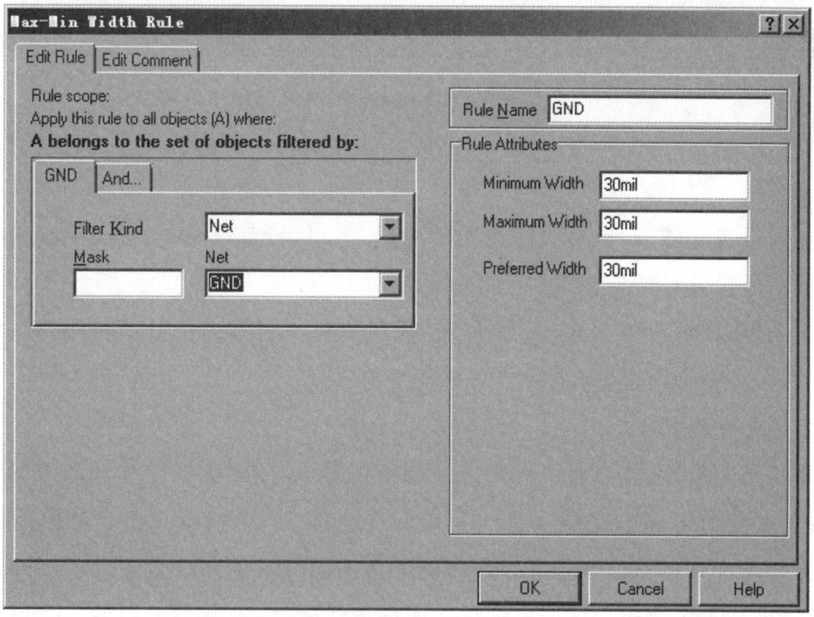

图 2-122　"布线宽度设置"对话框

a. 地线宽的设置：在 Net 下拉框中选择 GND，再在 Rule Attributes 区域将 Minimum Width、Maximum Width 和 Preferred Width 三个输入框的线宽设置为 30 mil；

b. 电源线宽的设置：在 Net 下拉框中选择 V_{cc}，然后将 Minimum Width、Maximum Width 和 Preferred Width 三个输入框的线宽设置为 20 mil；

c. 整板线宽设置：在 Filter Kind 选择框中选择 Whole Board，然后将 Minimum Width、Maximum Width 和 Preferred Width 三个输入框的线宽设置为 10 mil。

完成温度控制仪的地线、电源线及信号线的线宽参数设置后，如图 2-123 所示。

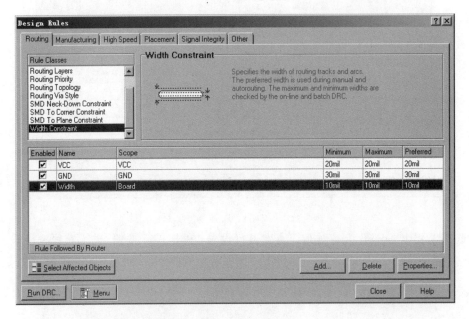

图 2-123　设置好布线宽度规则的对话框

⑨自动布线

布线规则设置完成后，就可以进行自动布线了。执行菜单命令 Auto Routing/All，系统弹出自动布线设置对话框，如图 2-124 所示。

在弹出的窗口中，单击 Route All 按钮，程序即对印制板进行自动布线。只要设置有关参数，元件布局合理，自动布线的成功率几乎是 100%。

⑩手工调整布线和覆铜

自动布线结束后，可能存在一些令人不满意的地方，所以需要在自动布线的基础上进行多次修改，才能把印制电路板设计得尽善尽美。在 Tools/Un-Route 菜单下提供了几个常用手工调整布线的命令，这些命令可以进行不同方式的布线调整。其中 All 表示拆除所有布线，进行手工调整。Net 表示拆除所选布线网络，进行手工调整。Component 表示拆除与所选的元件相连的线，进行手工调整。Connection 表示拆除所选的一条布线，

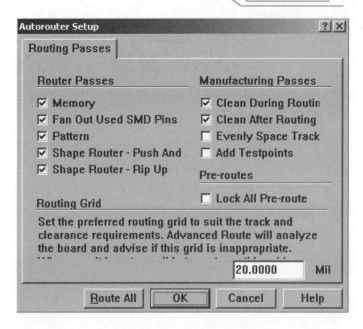

图 2-124　自动布线设置对话框

进行手工调整。

　　覆铜就是指为了增强系统的抗干扰性而在印制电路板的顶层、底层上设置的大面积的电源或地。覆铜的操作步骤如下。

　　a. 鼠标单击绘图工具栏中的 ⏢ 按钮，或选择执行菜单命令 Place/Polygon Plane，系统会弹出如图 2-125 所示的"多边形"属性对话框。

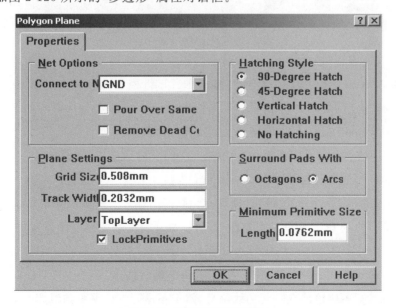

图 2-125　"多边形"属性对话框

b. 在 Net Options 一栏里的下拉列表里面选择 GND 网络, 单击 OK 按钮, 光标变成十字形。

c. 将光标移到所需的位置, 单击鼠标左键, 确定多边形的起点, 然后再移动鼠标到适当位置后单击鼠标左键, 确定多边形的中间点。在终点处右击, 程序会自动将终点和起点连在一起, 形成一个封闭的多边形平面。

(4)电气规则检查

温度控制仪 PCB 板设计好后, 需要检查布线是否有错误。执行菜单命令 Tools/Design Rule Check, 系统将弹出如图 2-126 所示的"设计规则检查"对话框。

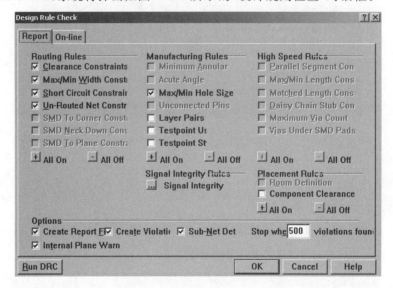

图 2-126 "设计规则检查"对话框

在 Report(报告)选项卡上, 可以设定需要检查的规则选项。一般采用系统默认设置。然后单击 Run DRC 按钮, 就可以启动 DRC 运行模式, 完成检查后将在设计窗口显示出任何可能违反的规则。DRC 设计规则检查, 常见的错误与解决办法如下:

①Width Constraint 报错:即导线的宽度超出限制。

解决办法:在如图 2-122 所示的"布线宽度设置"对话框中, 重新修改线宽参数;或者修改导线的宽度, 使其符合 Width Constraint 规则。

②Broken-Net Constraint 报错:即具有相同网络标号的连点没有用导线连接好。

解决办法:检查 PCB 板文件里有没有飞线, 如果有的话要用导线连接好。否则, 连接的导线没有 Net, 需要添加网络标号。

③Short-Circuit Constraint 报错:就是电路出现短路。

解决办法:把不应该连在一起的线路分开, 把不是同一个网络的线路分开。尤其是电源与地之间出现短路时。

④Clearance Constraint 报错:即引脚间或引脚与焊盘间的距离过近。

　　解决办法:确认元件封装有没有做错;或者更改设计规则,执行 Design/rules 命令,在如图 2-120 所示的布线规则对话框中的 Clearance Constraint 项进行设置;检查有没有残留导线,该残留导线是否靠近焊盘或其他导线。

　　运行 DRC 后,针对系统错误提示,分析原因,逐类排除后,整理并保存。最终完成设计的温度控制仪 PCB 板如图 2-127 所示。

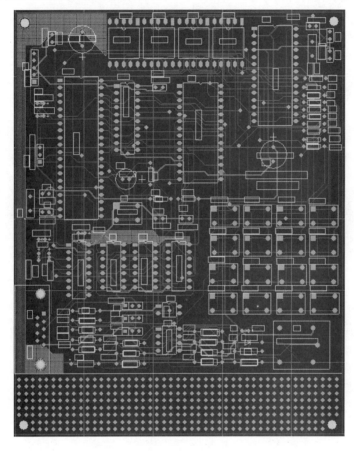

图 2-127　温度控制仪 PCB 板

2.3.2　项目实现:家用电子秤印制电路板设计

　　参照 2.3.1 温度控制仪印制板设计的步骤和流程,完成家用电子秤印制板设计项目。要求:

　　①印制电路板外形尺寸为 12 cm×15 cm;

　　②双面印制电路板。顶层水平布线,底层垂直布线;

　　③网格参数为 Visible2=25.4 mm(1000 mil);

　　④地线(GND)宽为 30 mil,电源线(V_{CC})宽为 20 mil,其余线宽均为 10 mil;

　　⑤自动布局和手工布局,自动布线并手工调整布线;

　　⑥部分地覆铜,安装孔孔径 80 mil。

2.4 项目评价

项目评价具体见表 2-8。

表 2-8 项目评价

序号	考核内容	配分	评分标准	得分	备注
1	创建设计数据库及原理图文件	4	创建设计数据库不正确扣 2 分		
			创建原理图文件不正确扣 2 分		
2	绘制原理图	26	图纸尺寸设置不对扣 5 分		
			图纸方向不对扣 2 分		
			原理图布局不合理,与所给相差较大扣 2 分		
			连线错误每个扣 2 分		
			元件错误每个扣 2 分,直到扣完为止		
3	创建原理图元件	10	原理图元件建立不正确扣 2 分		
			元件引脚每错一个扣 1 分,直到扣完为止		
4	生成元件清单及网络表	4	生成元件清单不正确扣 2 分		
			生成网络表不正确扣 2 分		
5	创建 PCB 文件	6	创建 PCB 文件不正确扣 6 分		
6	创建 PCB 元件封装	10	焊盘位置及尺寸不正确每个扣 1 分,直到扣完为止		
			轮廓尺寸不正确扣 2 分		
7	绘制印制电路板	40	印制板尺寸不正确扣 5 分		
			印制板布线层不正确扣 5 分		
			印制板布线层方向设置不正确扣 5 分		
			印制板元件封装每错一个扣 2 分,直到扣完为止		
			印制板地线、电源线宽度不正确扣 2 分		
			印制板布线不通,每错一根扣 2 分,直到扣完为止		

项目 3 电子产品装配与调试

3.1 项目描述

3.1.1 项目说明

电子产品装配与调试是完成电子产品技术指标的重要环节。本项目以真实的电子产品——温度控制仪为载体,以温度控制仪装配与调试的工作过程为导向,按照电子产品装配工艺的要求,手工装配焊接温度控制仪印制电路板,对温度控制仪的硬件、软件进行调试,实现如下功能指标:

(1)测量并显示当前温度(0~50 ℃);

(2)通过按键修改并显示设定温度;

(3)继电器控制小电扇工作,控制精度为±1 ℃;

(4)若当前温度大于设定温度,小电扇开始工作;

(5)若当前温度小于设定温度,小电扇停止工作;

(6)可设置修改设定温度密码。

学生通过本项目的学习,学会使用装配工具进行装配电子产品,学会利用仪器仪表调试电子产品软硬件,能够自主进行家用电子秤的组装和调试。

3.1.2 项目目标

1.知识目标

(1)了解电子产品装配调试用工具的特点和使用要求;

(2)掌握常用焊接材料的特点和使用场合;

(3)熟悉常用手工焊接的要点和焊接缺陷形成的原因;

(4)掌握调试的步骤和方法;

(5)了解调试仪器仪表配置的原则;

(6)掌握软件调试的方法。

2.技能目标

技能目标主要包括:电路板的安装能力、电路板的调试能力以及简单故障的分析排除能力等。具体表现在以下几个方面:

(1)会判断元器件的好坏、会进行元器件成形;

(2)会正确焊接通孔、片式元器件,焊接质量符合要求;

(3)会利用仪器调试硬件参数;

(4)会进行简单硬件故障的分析和排除;

(5)会使用开发系统 Keil μVision2 软件进行软件调试;

(6)会进行软硬件通调,实现技术指标和要求;

(7)会进行静电防护。

3.2 项目知识准备

3.2.1 电子产品装配工具和材料

1.五金工具

(1)螺丝起子(螺丝刀/改锥)

螺丝起子又叫螺丝刀或改锥,是一种紧固或拆卸螺钉的工具。常用的螺丝起子如图 3-1 所示。螺丝起子的选用主要视螺帽种类进行选择。"一字形"螺帽适合选择一字起子。"十字形"螺帽适合选择十字起子。扭力起子主要用于部件紧固扭矩比较大的螺钉。仪表起子主要适用于设备内部精密部件的微小螺帽拆装。短柄起子主要用于设备内部窄小空间的零部件螺帽拆装。

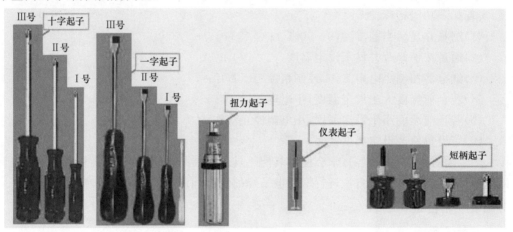

图 3-1 螺丝起子

螺丝起子的规格很多,常用的规格有四个。其适用于螺钉的直径分别为Ⅰ号:2～2.5 mm,Ⅱ号:3～5 mm,Ⅲ号:6～8 mm,Ⅳ号:10～12 mm。

使用螺丝起子时,要求其刃口端应平齐,并与螺钉槽的宽度一致,螺丝起子上应无油污。让螺丝起子口与螺钉槽完全吻合,螺丝起子中心线与螺钉中心线同心后,拧转螺丝起子,即可将螺钉拧紧或旋松。使用螺丝起子紧固或拆卸带电的螺钉时,还应该注意手不得触及螺丝起子的金属杆,以免发生触电事故。为了避免螺丝起子的金属杆触及皮肤或触及临近带电体,应在金属杆上串套绝缘管。

(2)钳子

钳子种类较多,常用的有钢丝钳、尖嘴钳、斜口钳、剥线钳等。

钢丝钳又称老虎钳,如图 3-2(a)所示,钢丝钳的钳口可用来弯铰或钳夹导线线头;齿口可用来紧固或起松螺母;刀口可用来剪切导线或剥削导线绝缘层;侧口可用来侧切电线线芯、钢丝或铅丝等较硬的金属。使用钢丝钳以前,必须检查其绝缘柄的绝缘是否完好。用钢丝钳剪切带电导线时,不得用刀口同时剪切相线和中性线,以免发生短路。

尖嘴钳的头部尖细,适用于在狭小的工作空间操作。尖嘴钳的耐压通常为 500 V,其外形如图 3-2(b)所示。尖嘴钳可以用来剪断细小的金属丝;尖嘴钳还可以用来夹持较小的螺钉、垫圈、导线等元件。

斜口钳又称为断线钳,外形如图 3-2(c)所示,耐压通常为 1000 V。斜口钳是专供剪断较粗的金属丝、线材及电线电缆等使用的。

剥线钳是用于剥削小直径导线绝缘层的专用工具,其外形如图 3-2(d)所示。使用剥线钳时,将要剥削的绝缘层长度用标尺定好以后,即可把导线放入相应的刃口中(比导线直径稍大),用手将钳柄一捏,导线的绝缘层即被剥自动弹出。

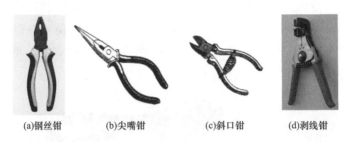

(a)钢丝钳　　(b)尖嘴钳　　(c)斜口钳　　(d)剥线钳

图 3-2　钳子

（3）镊子

镊子是电子电器装配中必不可少的小工具,主要用于夹持导线线头、元器件等小型工件或物品,其形状如图 3-3 所示。

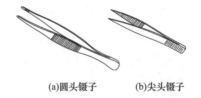

(a)圆头镊子　　(b)尖头镊子

图 3-3　镊子

镊子通常由不锈钢制成,有较强的弹性。头部较宽、较硬且弹性较强的镊子可以夹持较大物件,反之可以夹持较小物件。

2.电烙铁

（1）内热式电烙铁

内热式电烙铁的发热丝绕在一根陶瓷棒上面,外面再套上陶瓷管绝缘,使用时烙铁头套在陶瓷管外面,热量从内部传到外部的烙铁头上,所以称为内热式,其外形如图 3-4 所示。

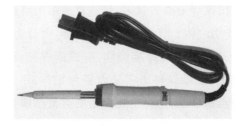

图 3-4　内热式电烙铁

内热式电烙铁具有热得快、加热效率高、体积小、重量轻、耗电省、使用灵巧等优点,但功率普遍偏小,只有 20 W、35 W、50 W 等几种规格,只适合于焊接小型的元器件。同时由于电烙铁效率高,使电烙铁头温度高而易氧化变黑,烙铁芯易被摔断。

(2)外热式电烙铁

外热式电烙铁外形如图 3-5 所示,这种电烙铁烙铁头安装在烙铁芯里,故称为外热式电烙铁。外热式电烙铁既适合焊接大型的元部件,也适用于焊接小型的元器件。由于发热电阻丝在烙铁头的外面,因此有大部分的热量散发到外部空间,所以加热效率低,加热速度较缓慢。一般要预热 6~7 分钟才能焊接。外热式电烙铁使用寿命长,功率品种多,有25 W、30 W、50 W、75 W、100 W、150 W、300 W 等多种规格(25 W 的阻值约为 2 kΩ,75 W 的阻值约为 0.6 kΩ,100 W 的阻值约为 0.5 kΩ)。

图 3-5　外热式电烙铁

(3)温度可调控电烙铁

温度可调控电烙铁也称恒温电烙铁。这种电烙铁温度可调,但温度一旦设定,就能保持在焊接时温度恒定不变。如图 3-6 所示,恒温电烙铁的温度调节有三种方式:拨盘式、旋钮式和数字式。拨盘式、旋钮式控制温度不连续,只能让电烙铁的温度控制在某几个温度值上,数字式恒温电烙铁温度连续可调。

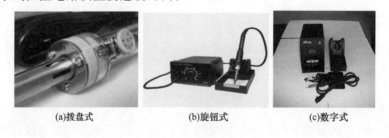

(a)拨盘式　　　　　　(b)旋钮式　　　　　　(c)数字式

图 3-6　温度可调控电烙铁

3.焊料

焊料是焊接中用来连接被焊金属的材料,是一种易熔的金属及其合金,焊料的熔点比被焊物低,且易与被焊物连为一体。焊料按其组成成分,可分为锡铅焊料、银焊料、铜焊料和无铅焊料。不同的焊料具有不同的焊接特性,应根据焊接点的不同要求来合理选择。现在广泛使用的是无铅焊料,无铅焊料通常是以锡为主体,添加其他金属制造而成的焊料。无铅焊料中并不是一点铅都没有,只是规定铅的含量必须少于 0.1%。

(1)无铅焊料的种类

无铅焊料基本无毒或毒性极低,导电率、导热率、润湿性、机械强度和抗老化性等性能

与锡铅共晶焊料基本相同,常用的无铅焊料有:

①Sn-Ag 系列焊料

这种焊料的机械性能、拉伸强度、蠕变特性及耐热老化性能比锡铅共晶焊料优越。主要缺点是熔点温度偏高,润湿性、延展性稍差,成本高。

现在使用最多的无铅焊料就是这种合金,配比为 Sn96.3-Ag3.2-Cu0.5,美国推荐使用的配比是 Sn94.5-Ag4.0-Cu0.5,日本推荐使用的配比是 Sn96.2-Ag3.2-Cu0.6,其熔点为 217 ℃～218 ℃。

②Sn-Zn 系列焊料

Sn-Zn 焊料的机械性能、拉伸强度比锡铅共晶焊料好,可以拉成焊料线材使用;蠕变特性好,变形速度慢,拉伸变形至断裂的时间长。Sn-Zn 焊料主要缺点是 Zn 极容易氧化,润湿性和稳定性差,具有腐蚀性。

③Sn-Bi 系列焊料

这种焊料是在 Sn-Ag 系列的基础上,添加适量的 Bi。其优点是熔点低,与锡铅共晶焊料的熔点相近,蠕变特性好,增大了拉伸强度。缺点是延展性差,质地硬且脆,可加工性差,不能拉成焊料线材。

使用无铅焊料进行手工焊接时,控制烙铁头的温度非常重要,要根据使用的焊料,选择最合适的烙铁头,设定焊接温度并随时调整,同时还应注意选用热量稳定、均匀的电烙铁。在使用无铅焊料进行焊接作业时,出于对元器件耐热性以及安全作业的考虑,一般应当选择烙铁头温度在 350 ℃～370 ℃以下的电烙铁。

(2)常用焊料的形状

焊料在使用时,常按规定的尺寸加工成形,有片状、块状、棒状、带状和丝状等多种。

①焊锡丝

焊锡丝通常称为管状焊料,如图 3-7 所示。焊锡丝中心包着松香,称为松脂芯焊丝,常用于手工烙铁锡焊中。松脂芯焊丝的外径通常有 0.5 mm、0.6 mm、0.8 mm、1.0 mm、1.2 mm、1.6 mm、2.0 mm、2.3 mm、3.0 mm 等规格。

②焊锡条

图 3-7 焊锡丝

焊锡条是一种条状焊料,如图 3-8 所示。焊锡条常用于用锡量大的场合,以提高生产效率。自动装配的生产线上,波峰焊机、焊锡炉是焊锡条的主要应用场合。

③焊锡膏

焊锡膏也叫锡膏,是一种灰色膏体。焊锡膏是促使 SMT 广泛应用的一种新型焊接材料,它是由焊锡粉、助焊剂以及其他的表面活性剂、触变剂等混合而成的膏状混合物,如图 3-9 所示。它主要用于 SMT 行业 PCB 表面电阻、电容、IC 等电子元器件的焊接。

图 3-8　焊锡条

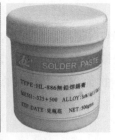

图 3-9　焊锡膏

4. 助焊剂

在进行焊接时,施加助焊剂的目的是使金属表面无氧化物和杂质,焊锡与被焊物的金属表面固体结晶组织之间发生合金反应,使被焊物与焊料焊接牢固。助焊剂在焊接中主要起"辅助热传导""去除氧化物""降低被焊接材质表面张力""去除被焊接材质表面油污、增大焊接面积""防止再氧化"等作用,其中"去除氧化物"与"降低被焊接材质表面张力"是关键作用。

(1)助焊剂的主要成分

在电子产品生产(锡焊工艺)过程中,以前大多使用主要由松香、树脂、含卤化物的活性剂、添加剂和有机溶剂组成的松香树脂系列助焊剂。这类助焊剂虽然可焊性好,成本低,但焊后残留物高(其残留物含有卤素离子,会逐步引起电气绝缘性能下降和短路等问题),所以焊接完成后需对电子印制板上的松香树脂系列助焊剂残留物进行清洗。

松香树脂系列助焊剂根据有无添加活性剂和化学活性的强弱,被分为非活性化松香、弱活性化松香、活性化松香和超活性化松香四种,美国(MIL 标准)分别称为 R、RMA、RA、RSA,而日本(JIS 标准)则根据助焊剂的含氯量将其划分为 AA(0.1 wt%以下)、A(0.1 wt%~0.5 wt%)、B(0.5 wt%~1.0 wt%)三种等级。

非活性化松香(R)助焊剂是由纯松香溶解在合适的溶剂(如异丙醇、乙醇等)中组成的,其中没有活性剂,其消除氧化膜的能力有限,所以应用于被焊件具有非常好的可焊性的场合。弱活性化松香(RMA)助焊剂中添加的活性剂有乳酸、柠檬酸、硬脂酸等有机酸以及盐基性有机化合物,能够促进润湿的进行,但焊接后会有无腐蚀性的残留物存在,应用于除了具有高可靠性的航空、航天产品或细间距的表面安装产品(需要清洗)外的一般民用消费类产品(如收录机、电视机等)中,且均不需设立清洗工序。活性化松香(RA)及超活性化松香(RSA)助焊剂,添加的强活性剂有盐酸苯胺、盐酸联氨等盐基性有机化合物,助焊剂的活性是明显提高了,但焊接后的残留物存在腐蚀性的氯离子,需要清洗。

（2）助焊剂的种类

助焊剂按功能分类有手浸焊助焊剂、波峰焊助焊剂及不锈钢助焊剂,按成分可分为有机助焊剂、无机助焊剂和树脂助焊剂三大系列,按存在状态可分为固体助焊剂、液体助焊剂和气体助焊剂三种,按焊接后是否需要清洗,可分为需清洗助焊剂和免洗助焊剂。

免洗助焊剂主要原料为有机溶剂:活性剂、防腐蚀剂,助溶剂、成膜剂。活性剂是为提高助焊能力而加入的活性物质,它对助焊剂净化焊料和被焊件表面起主要作用。防腐蚀剂可以减少树脂、活性剂等固体成分在高温分解后残留的物质。助溶剂可以阻止活性剂等固体成分从溶液中脱溶的趋势,避免活性剂不良的非均匀分布。成膜剂能在焊接后形成一层紧密的有机膜,保护了焊点和基板,具有防腐蚀性和优良的电气绝缘性。

（3）助焊剂的选用

助焊剂应根据焊接方式、焊接对象和清洗方式等的不同来选用。当焊接对象可焊性好时,不必采用活性强的助焊剂;当焊接对象可焊性差时,必须采用活性较强的助焊剂。当选用有机溶剂清洗时,需选用有机类或树脂类助焊剂;当选用去离子水清洗时,必须用水洗助焊剂;选用免洗方式时,只能选用免洗助焊剂。

3.2.2 元器件引线成形和导线加工

1.元器件引线成形

对于通孔安装的元器件,在安装前,都要对引线进行成形处理。为保证引线成形的质量和一致性,应使用专用工具和设备来成形。

（1）预处理

元器件引线在成形前必须进行加工处理。引线的加工处理主要包括引线的校直、表面清洁及上锡三个步骤,引线处理后,要求不允许有伤痕,且镀锡层均匀,表面光滑,无毛刺和残留物。

引线预处理首先要进行引线的手工校直,方法是用尖嘴钳或平嘴钳将元器件的引线沿原始角度拉直,轴向元器件的引线一般保持在轴心线上或是与轴心线保持平行,不能出现凹凸。

进行引脚表面清洁的主要目的是去除金属表面的氧化层、锈迹和油迹等。较轻的污垢只需用酒精或丙酮擦洗,而对于严重的腐蚀性污点则要用刀刮或用砂纸打磨等机械办法去除。镀金引线可以使用绘图橡皮擦除引线表面的污物。镀锡铅合金的引线可以在较长的时间内保持良好的可焊性,可以省去清洁的步骤。镀银引线容易产生不可焊接的黑色氧化膜,需用小刀轻轻刮去镀银层,注意不要划伤引线表面,不得将引线切伤或折断,也不要刮元器件引线的根部,根部应留 3 mm 左右。

上锡是指电子元器件的引线浸蘸助焊剂后搪锡,让元器件引线形成一层既不同于被焊金属又不同于焊锡的结合层。电阻器、电容器的引线镀锡方法是将引线插入熔融的焊料中,使元器件的外壳距离液面保持 3 mm 以上,浸涂时间应为 2~3 s。半导体元件对热度比较敏感,引线插入熔融的焊料中时,元器件外壳距离液面应保持 5 mm 以上,浸涂时间为 1~2 s。

（2）元器件引线成形

元器件引线成形的主要方法有专用模具成形、专用设备成形。小规模生产时常用模具手工成形,在自动化程度高的工厂,成形工序是在流水线上自动完成的,如采用电动、气动等专用引线成形机。在没有专用工具或加工少量元器件时,可采用手工成形,使用平口钳、尖嘴钳、镊子等一般工具,如图 3-10 所示。

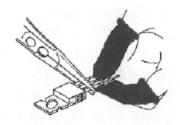

图 3-10 引线成形

元器件引线成形时,弯折处不能非常靠近元器件封装本体,要与封装本体保持一定距离,电阻元件应保持 2 mm 以上,玻璃二极管、塑封二极管、电容、电感、晶体管等应保持 3 mm 以上,电解电容应保持 4 mm 以上。弯折处不能是直角,要保持一定的弧度,线弯曲半径应大于两倍引线直径。凡有标记的元器件,引线成形后,其标志符号应处于查看方便的位置。

元器件引线成形后,一般要求本体不应产生破裂,表面封装不应损坏,引线弯曲部分不允许出现模印、压痕和裂纹。

2.导线的加工处理

在电子整机装配准备工作中,应根据工艺要求或者装配说明选择导线的颜色、截面积和材质。一般首先确定导线材质,其次确定铜芯导线电线的规格,即截面积等,最后确定导线的颜色。选择好导线后要对整机所需的各种导线进行预先加工处理。导线加工工序为:剪裁→剥头→清洁→捻头(对多股芯线)→浸锡。

导线加工工艺根据导线的不同,又可分为绝缘导线加工工艺和屏蔽导线端头的加工工艺。

(1)绝缘导线的加工

绝缘导线的加工首先要进行剪线。剪线要按工艺文件中的导线加工表规定进行,长度应符合公差要求。剪裁下料时应按先长后短的顺序,做到长度准、切口整齐、不损伤导线及绝缘皮(漆),留一定余量。剥头时应做到绝缘层剥除整齐。剥头长度应根据芯线截面积和接线端子的形状来确定,剥头时不应损伤芯线,多股芯线应尽量避免断股。多股芯线的导线芯线应捻头,方法是用镊子或捻头机把松散的芯线绞合整齐,捻头时应松紧适度、不卷曲、不断股。捻头后的导线如图 3-11 所示。

经过剥头和捻头的导线应及时搪锡,以防止氧化。方法是接通电烙铁电源,让其加热,左手拿一根导线,导线需要搪锡的一端靠近松香,右手手握电烙铁,烙铁头上一些焊锡,烙铁头碰一下松香,让松香熔化,左手的导线迅速插入熔化的松香中,同时电烙铁头靠近搪锡的导线头,上下移动一下,迅速撤离左右手,放好导线让其冷却。

(2)屏蔽导线及电缆的预处理

为使屏蔽导线及电缆有更好的屏蔽效果,在对屏蔽导线及电缆进行端头处理时应注意去除的屏蔽层不能太长,一般去除的长度应根据屏蔽导线的工作电压而定,如 600 V 以

图 3-11 捻头后的导线

下时,可去除 10～20 mm;600 V 以上时,可去除 20～30 mm。为了保证屏蔽导线焊接后,不出现短路现象,一般在焊接时,要剪一段热缩套管或黄蜡管套在焊接处,以保护焊点,用热缩套管时,可用灯泡或电烙铁烘烤,收缩套紧即可。屏蔽导线屏蔽层一般是接地端,焊接前应预搪锡。搪锡时要用尖嘴钳夹住,否则会向上渗锡,形成很长的硬结。

3.2.3 印制电路板插装

印制电路板插装是将电子元器件按一定方向和次序装插到印制电路板规定的位置上,便于后续用紧固件或锡焊的方法把元器件固定的过程。

1.组装工艺流程

通孔 PCB 组装方式分手工方式和自动方式。对于设计稳定,有一定批量生产的产品,大多采用流水线插装,这种方式的工艺流程如图 3-12 所示。

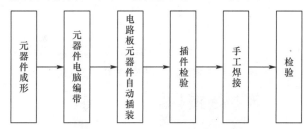

图 3-12 流水线插装工艺流程图

在产品的样机试制阶段或小批量试生产时,印制电路板组装主要靠手工完成。手工组装工艺流程如图 3-13 所示。

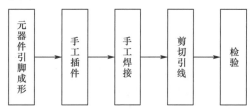

图 3-13 手工组装工艺流程图

(1)元器件的编带

元器件的编带由编带机完成,如图 3-14 所示为元器件编带机示例图。元器件编带是自动插件的前道工序,只有完成编带后才能自动插件。

编带机由程序控制按照印制电路板上元件自动插装的路线顺序对元器件进行编带,编带按方向不同可分为轴向编带和径向编带,如图 3-15 所示。

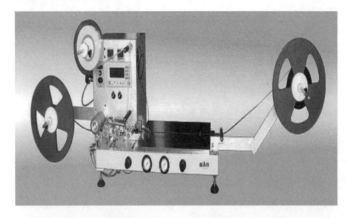

图 3-14　元器件自动编带机

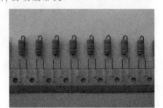

(a)轴向元器件的编带　　　　　　(b)径向元器件的编带

图 3-15　元器件的编带方向图

（2）元器件插装

根据插装方法的不同可分为卧式和立式，卧式又称为贴板安装，如图 3-16（a）所示。卧式安装不利于散热，故采用立式安装，立式安装如图 3-16（b）所示。

(a)卧式安装　　　　　　(b)立式安装

图 3-16　元器件插装方式

2.元器件插装原则

元器件插装到印制电路板上，应按工艺文件要求进行。元器件的插装总原则为先插装的元器件不能妨碍后插装的元器件，一般先低后高、先里后外、先小后大、先轻后重。具体要求有：

（1）插装元器件应按设计文件及工艺文件要求的工序进行。

（2）要根据产品的特点和企业的设备条件安排装配的顺序，尽量减少插件岗位的元器件种类，同一种元器件尽可能安排给同一岗位。

（3）应注意每个焊盘只允许插装一根元器件引线，装连在印制板上的元器件不允许重叠，并应在不必移动其他元器件的情况下就可拆装。

(4)带有金属外壳的元器件插装时,必须在与印制板的印制导线相接触的部位用绝缘体衬垫。装配中,如两个元器件相碰,应调整或采用绝缘材料进行隔离。

(5)当元器件引线穿过印制板后,折弯方向应沿印制导线方向,紧贴焊盘,折弯长度不应超出焊接区边缘或有关规定的范围。

(6)体积、质量都较大的大容量电解电容器,容易发生元件歪斜、引线折断及焊点焊盘损坏现象。为此,必要时,这种元件的装插孔除用铜铆钉加固外,还要用黄色硅胶将其底部粘在印制电路板上。

(7)插装集成电路等静电敏感元器件时,一定要在防静电的工作台上进行。集成电路、集成电路插座、微型插孔、多头插头等多引线元件,在插入印制板前,必须用专用平口钳或专用设备将引线校正,不允许强力插装,力求引线对准孔的中心。

(8)尽量使元器件的标记(用色码或字符标注的数值、精度等)朝上或朝着易于辨认的方向,并注意标记的读数方向一致(从左到右或从上到下),这样有利于检验人员直观检查。有极性的元器件,插装时要保证方向正确。

(9)卧式安装的元器件,尽量使两端引线的长度相等且对称,把元器件放在两孔中央,排列要整齐,如图 3-17 所示;立式安装的色环电阻应该高度一致,最好让起始色环向上以便检查安装错误,上端的引线不要留得太长以免与其他元器件短路。

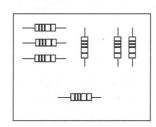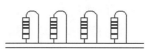

图 3-17　元器件的插装要求

(10)0.5 W 以上的电阻一般不允许紧贴印制电路板装接,应根据其耗散功率的大小,使其电阻壳体距印制电路板留有 2～6 mm 的间距。

3.2.4　手工电烙铁焊接要求与方法

1.电烙铁头的选用

烙铁头是电烙铁、电焊台的附件,主要材料为紫铜,属于易耗品。每个电烙铁厂家都配有不同型号的烙铁头,但基本形状都为尖形、马蹄形、扁咀形、刀口形。烙铁头的作用是贮存热量和传递热量,它能使焊料达到熔融温度,实现焊接。

(1)电烙铁头的尺寸选用

烙铁的温度与烙铁头的体积、形状、长短均有关系,故选择正确的烙铁头尺寸非常重要。烙铁头越大,热容量相对越大,焊接的时候就能够使用比较低的温度,烙铁头也不易氧化,延长了电烙铁头的使用寿命。同时大烙铁头的热容量高,进行连续焊接时,使用越大的烙铁头,温度跌幅越小,焊接质量越高。

但不是烙铁头越大越好,一般来说,烙铁头尺寸选用以不影响邻近元件为标准,应选择能够与焊点充分接触,不影响焊接但又能提高焊接效率的电烙铁头。

(2)电烙铁头的形状选用

为适应不同的焊接物的要求,烙铁头的形状也有所不同,具体形状如图 3-18 所示。尖形烙铁头尖端幼细,适合精细的焊接,或焊接空间狭小的情况,也可以修正焊接芯片时产生的锡桥。圆锥形烙铁头无方向性,整个烙铁头前端均可进行焊接,适合一般焊接。扁咀形烙铁头用批咀部分进行焊接,适合需要多锡量的焊接,例如焊接面积大、粗端子、焊点大的焊接环境。斜切圆柱形烙铁头用烙铁头前端斜面部分进行焊接,适合需要多锡量的焊接。

图 3-18　烙铁头的形状

2.电烙铁焊接通孔元件的方法

(1)手工焊接的准备

手工焊接需要准备的工具有电烙铁、镊子、剪刀、斜口钳。电烙铁功率的选用方面,在焊接集成电路和小焊点时应选用 30 W 以下的电烙铁,在焊接较大的焊点时应选用 35 W 以上的电烙铁;在烙铁头的选用方面,要根据不同焊接面的需要选用不同形状的烙铁头;安全方面,在使用前,应先检查烙铁电源线是否有破损,再用万用表检查烙铁的好坏。

(2)焊接步骤

①准备施焊

左手拿焊丝,右手握烙铁,进入准备焊接状态。要求烙铁头保持干净,无焊渣等氧化物,并在表面镀有一层焊锡,做好随时焊接的准备。在进行连续锡焊时,焊锡丝的拿法应如图 3-19(a)所示,若不是连续锡焊,焊锡丝的拿法应如图 3-19(b)所示。

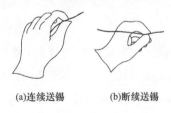

(a)连续送锡　　　　(b)断续送锡

图 3-19　焊锡丝的拿法

②加热焊件

烙铁头靠在两焊件的连接处,如图 3-20 所示。加热整个焊件全体,时间为 1~2 s。对于在印制板上焊接元器件来说,要注意使烙铁头同时接触两个被焊接物。

③送入焊丝

焊件的焊接面被加热到一定温度时,焊锡丝从烙铁对面接触焊件。注意:不要把焊锡丝送到烙铁头上。

④撤离焊丝

当焊丝熔化一定量后,立即向左上45°方向移开焊丝。

⑤撤离烙铁

焊锡浸润焊盘和焊件的施焊部位以后,向右上45°方向移开烙铁,结束焊接。

(3)电烙铁焊接过程中的注意事项

在焊接过程中除应严格按照步骤去操作外,还应注意以下几个方面:

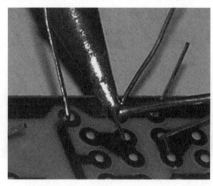

图 3-20　手工焊接示意图

①烙铁温度要合适

根据焊接原理,电烙铁需要一定温度才能把焊料熔化。怎样判断电烙铁温度比较适当呢?一般把烙铁头放到松香上去,松香熔化较快又不冒烟的温度,表示温度较为适宜;若松香迅速熔化,发出声音,并产生大量的蓝烟,松香颜色很快由淡黄色变成黑色,则表示烙铁头温度过高;若松香不易熔化,表示烙铁头温度过低。

②焊接时间要适当

焊接时,从焊料熔化并流满焊接点,一般需要几秒钟。如果焊接时间过长,助焊剂就完全挥发,失去了助焊作用,使焊点出现毛刺、发黑、不光亮、不圆等疵病。焊接时间过长,还会造成损坏被焊器件及导线绝缘层等不良后果。但焊接时间也不宜过短,否则焊料不能充分熔化,易造成虚焊。

③焊料和助焊剂使用要适量

使用焊料过多,焊点表面可能凸起,严重时还会引起搭焊;若焊料过少,则可能出现不完全浸润、虚焊等缺陷。若使用助焊剂过多,则在焊缝中会夹有松香渣,形成松香焊;助焊剂过少,则可能形成毛刺、发黑等缺陷。

④焊点冷却时间要充分

在焊接点上的焊料尚未完全凝固时,不宜移动焊接点上的被焊元器件及导线,否则焊接点会变形,还可能出现虚焊现象。

⑤不要使用烙铁头作为运送焊锡的工具

有人习惯把焊锡加在烙铁头上,用带有大量焊锡的烙铁到焊接面上进行焊接,结果造成焊接缺陷。因为烙铁头的温度一般都在 300 ℃ 以上,焊锡丝中的助焊剂在高温时容易挥发,焊锡也处于过热状态,而此时焊盘和元器件引脚却温度不够,极易形成虚焊。

3.SMD 器件的电烙铁手工焊接

(1)片式元器件的手工焊接步骤

①预加焊锡。用电烙铁在其中一个焊盘加锡,如图 3-21(a)所示。

②用镊子夹持片式元器件放置到需要焊接的焊盘上,如图 3-21(b)所示。

③加热上过锡的焊盘,使焊锡再次熔化,注意不要用烙铁头碰元器件引脚,如图 3-21(c)所示。

④加适量的焊锡在焊盘上,使片式元器件浸润。注意不要将焊锡加在电烙铁头上,如图 3-21(d)所示。

⑤撤离焊锡和电烙铁,让焊盘冷却,实现焊接。注意在冷却过程中不要让元器件移动,如图 3-21(e)所示。

⑥重复④和⑤焊接固定元件另一端。

(a)第一步　　　(b)第二步　　　(c)第三步　　　(d)第四步　　　(e)第五步

图 3-21　SMD 器件手工焊接示意图

(2)翼形封装和 J 形封装多引脚元器件的焊接步骤

对于翼形封装和 J 形封装的元器件,首先应注意元器件的极性,并将每个引脚与焊点对准,然后将器件对角线上的两个引脚按照片式元器件的焊法焊牢,再加锡逐个引脚焊接。

(3)利用焊锡膏焊接

利用焊锡膏焊接首先要涂覆焊锡膏,要沿引脚排列方向将焊锡膏点成线状,线状焊锡膏的宽度应与焊盘宽度一致,将芯片放在焊盘上,各引脚与焊点对准,用烙铁先将芯片对角的引脚焊住,使用超细型烙铁头或扁铲形烙铁头或用热风焊对其余引脚进行焊接。

3.2.5　装配过程中的静电防护

日常生活可以感觉到的静电现象:如冬天在地毯上行走及接触把手时的触电感、在冬天穿毛衣时所产生的"噼啪"声。这种在物体表面所带的过剩或不足的相对静止不动的电荷,称为静电。静电是一种广泛存在的自然现象。

1.静电的产生及危害

具有不同静电电位的物体,由于直接接触或静电感应而引起物体间的静电电荷转移,在静电场的能量达到一定程度后,击穿其间介质而进行放电,通常称为静电释放。静电释放现象普遍产生于两种材料的接触和分离的过程中。例如打开普通的塑料袋、撕开普通胶带、走路和碰门把手、传递电脑键盘等动作都可能产生静电释放。静电释放不一定都使静电减弱,在一定条件下静电释放会增强静电,比如:在低湿度的环境下、有一定的活动时以及在进行快速运动的情况下等等。

易产生静电的材料称为静电材料。静电材料包括个人用品,如钱包、外套、工作中的塑料活页、塑料文件夹、泡沫包装、塑料设备遮盖物、文件图纸等等,如图 3-22 所示。静电敏感器件是指某些器件很容易遭到静电的破坏而失效。目前,电子产品中广泛使用的电子元器件很多都是静电敏感器件(如 MOS 器件等)。提高静电防护意识,掌握静电防护措施是对每一个从事电子产品生产人员的最基本要求。

图 3-22　常见的静电材料

集成电路、晶振、印制电路板等都属于静电敏感器件。特别是集成电路中功能元件因体积小、电路密集更易受到静电损害,会造成芯片内多晶硅、PN 结或金属软击穿,或芯片内引线击穿现象,使集成电路可靠性下降,废品率上升。常见的静电敏感器件如图 3-23 所示。

图 3-23　常见的静电敏感器件

静电释放大多会引起电子元器件的损害,有的是即时失效,有的会延时失效。据统计,即时失效约占 10%,延时失效约占 90%。即时失效一般是完全性功能丧失,主要原因是静电一次性造成电子元器件介质击穿或烧毁,形成永久性失效。即时失效在测试时或出货前可能被发现。延时失效是间隙性功能丧失,或暂时是合格品,但因产品部分被损坏,器件的性能劣化或参数指标下降,寿命降低。延时失效的产品一般仍可能通过所有检验和测试,并能继续正常工作,但产品在使用中会过早出现故障并失效。

2.静电防护器材和防护途径

(1)静电防护器材

静电防护器材分为静电屏蔽材料、抗静电材料、静电消散材料。静电屏蔽材料指可防止静电释放穿透的材料。抗静电材料在使用中不会产生静电,但会被静电释放穿透。静电消散材料有足够的传导性,能使静电荷通过其表面消散。

常用的静电防护器材有防静电工作台,防静电服,防静电鞋、脚腕带,防静电腕带,防静电手套、指套,防静电地板、台垫,防静电上下料架、周转箱,防静电包装袋,离子风机等。防静电包装袋材料由基材、金属镀膜层和热封层等复合而成,具有自身不产生静电和能屏蔽外界静电的功能。离子风机如图 3-24 所示,主要由电晕放电器、高压电源和送风系统组成,可将空气电离后输送到远处,通过中和作用消除静电。

(2)静电防护途径

在实际生产中,主要从两个方面进行静电防护,即防止静电的积聚和对已积聚的静电进行泄放。主要途径有接地、泄漏、中和和工艺控制。接地能消除导体上的静电,接地电

图 3-24　离子风机

阻应小于 100 Ω。泄漏是指增加空气的湿度可以降低绝缘体的绝缘性,增加静电通过绝缘体表面的泄放,采用导电橡胶或喷涂导电塑料也可以较好地泄漏静电。中和法是指采用感应中和、离子风中和等方法将静电荷中和掉。有的企业还从工艺流程、材料选用、设备安装和操作管理等方面采取措施,对静电加以控制。表 3-1 列举了部分静电材料消除静电的途径。

表 3-1　　　　　　　　　　部分静电材料消除静电的途径

静电材料实例	防范途径
多余的盒子和包装材料,泡沫、聚苯乙烯	从静电防护区域移走
胶带、文件夹、活页保护膜、塑料袋、塑料盒等	用静电安全物品替代
塑料连接件包装,塑料板子组装件	使用离子风机
外包装泡沫(用于出货产品)	与静电敏感元件分开至少 30 cm
电脑显示屏	用静电材料屏蔽
电脑键盘、监视器等	可视为典型的抗静电材料

3. 静电防护的具体措施

为了降低静电对电子产品可靠性的影响,企业一般从设立静电防护区域、员工工作过程静电控制、设备静电控制三个方面进行静电防护。

(1)静电防护区域

静电防护区域指不受保护的静电敏感元器件可以操作的任何区域。静电防护区域必须张贴信号标签和明显的边界线标识。

在静电防护区域应设置警告标识,常用的警告标识分为两类:静电敏感符号和静电防护符号。如图 3-25 所示。

图 3-25　静电防护区标识

(2)员工工作过程的静电消除

对每一个从事电子产品生产的人员,都应进行静电防护知识的普及教育和培训,增强他们的静电防护意识,这样就可以避免无处不在的静电对电子产品的破坏。在静电防护区域的每个操作人员都要遵守以下规则:

①进入静电防护生产区,必须穿上防静电工作服及静电鞋。穿防静电工作服时,衣袖应该与皮肤接触,里面的衣服不能露出来,扣紧领口以下第一个纽扣,袖口的纽扣也应扣紧。静电鞋必须有一个可见的带子或其他标记以示它们是静电鞋(一般公司会统一发放),进入生产区域前,必须换鞋。防静电工作服及静电鞋示例如图 3-26 所示。

图 3-26　防静电工作服和静电鞋

②进入静电防护生产区,必须经过静电测试和泄放。员工进入静电防护生产区前,必须按照规定进行静电测试,并进行静电泄放,示例图如图 3-27 所示。

图 3-27　静电测试和泄放

③在接触静电敏感器件之前,必须戴防静电手腕带和脚腕带。在生产区域,所有工作人员前面的头发不可把眼睛遮住,过肩的头发必须扎起来,不可披头散发,接触元器件和印制板时,必须戴防静电手套。员工需坐下操作的,必须正确佩戴手腕带,如图 3-28 所示。佩戴手腕带时需要调整皮带,步骤是打开夹子并松开→将手腕带套上手腕→收紧带子→扣上夹子。手腕带上的金属端必须紧贴皮肤。

图 3-28　手腕带的佩戴

④不要在任何表面上拖动或滑动包装箱,搬运包装箱时,应尽量减少搬运次数。

⑤严禁在通电的情况下进行焊接、拆装及插拔带有静电敏感器件的印制电路板组装件。含有静电敏感器件的部件、整件,在加信号调试时,应先接通电源,后接通信号源;调试结束后,应先切断信号源,后切断电源。

⑥控制静电防护区域的温度和湿度,允许的相对湿度应该保持在最低 20%,温度应控制在 18 ℃到 28 ℃之间。

⑦员工拿元件前双手应触摸工作台面,且不能接触器件的引脚。若想消除元器件上

的静电,可将器件引脚向下放在静电消散台面上。只有在静电安全工作区才能将元器件及电路板从防静电包装盒中拿出,拿出的静电敏感元器件应放在抗静电容器内或包装盒中。

⑧静电敏感器件或产品不能靠近电视荧光屏或计算机显示器等有强磁场和电场的物品。一般距离要大于 20 cm 以上。

(3)设备静电的消除

设备静电一般利用设备接地来消除。例如小推车和可移动的货架在静电地板上必须接地,可以使用金属拖链,接触地面部分至少要有 5 cm 长。工作台及其他桌子必须是静电消散桌,并且通过并联方式连接到接地总线上。必须有手腕带插孔,最好是香蕉夹插座,并联到接地总线上,电源地必须接地,不能悬空。所有盛放元件的箱子或容器必须是静电消散材料或抗静电材料,建议任何时候静电敏感元器件都必须放在原包装里直至被组装。电烙铁、吸锡枪等焊接设备必须接地,接地电阻应小于 2 Ω,烙铁头与地之间的电位差应小于 2 mV。工作区域可采用离子风机,其中和静电的能力应大于 250 V/s。

3.2.6 电子产品整机组装

电子产品的装配一般是以壳体为支撑主体,实现印制电路板电路与其他电路的电气连接,通过紧固或其他方法实现产品组成各部件的固定。电子产品的整机装配要经过多道工序,安装顺序是否合理直接影响到整机的装配质量、生产效率和操作者的劳动强度。

整机装配的内容包括机械和电气两大部分工作。主要包括将各零、部、整件按照设计要求安装在不同的位置上,组合成一个整体,再用导线(线扎)将元、部件之间进行电气连接,完成一个具有一定功能的完整的机器,以便进行整机调整和测试。装配的连接方式分为可拆卸的连接和不可拆卸的连接。整机装配工作是一个复杂的过程,它涉及技术资料、装配工具和设备的准备;相关人员的技术培训;生产的组织管理;整机装配所需的各种材料的预处理;各部件装连以及质量检验等环节。关键环节是将各部件装连固定到规定的位置。

1.整机装配的工艺原则和工艺过程

装配过程是综合运用各种装联工艺的过程,是制定安装方法时应遵循的一定原则,整机安装的基本原则为:先轻后重、先小后大,先铆后装、先装后焊、先里后外、先下后上、先平后高、易碎易损件后装,上道工序不得影响下道工序的安装。注意前后工序的衔接,应使操作者感到方便,节约工时。整机装配的工艺过程因产品的不同而有所不同,但大致顺序为:准备→机架安装→面板安装→组件装连→导线连接→传动机构安装→检验。

2.整机装配的工艺要求

整机装配时要求牢固可靠,不损伤元件,避免碰坏机箱及元器件的涂敷层,不破坏元器件的绝缘性能,安装件的方向、位置要正确。

(1)产品外观方面的要求

为了给消费者留下良好的印象,必须保证电子产品整机装配中有良好的外观质量。电子产品制造时,每个企业都会在工艺文件中提出各种要求来确保外观良好,主要措施有:

①用软布罩住存放的壳体等注塑件,防止灰尘等污染。

②壳体或面板搬运时应轻拿轻放,防止意外碰伤,且最好单层叠放。

③用工作台及流水线传送带传送注塑件时,要有软垫或塑料泡沫垫保护。

④为了防止壳体等注塑件沾染油污、汗渍,装配人员要戴手套。

⑤装配人员使用和放置电烙铁时要小心,不能烫伤面板、外壳。

⑥为了防止壳体或面板开裂,用螺钉固定部件或面板时,力矩大小的选择要适合。

⑦使用粘合剂时,用量要适当,防止量多溢出,若粘合剂污染了外壳要及时用清洁剂擦净。

(2)安装方法中的注意事项

①装配工作应按照工艺指导卡进行操作。操作应谨慎,提高装配质量。

②安装过程中尽可能采用标准化的零、部件,使用的元器件和零、部件规格型号应符合设计要求。

③注意适时调整每个工位的工作量,以达到均衡生产,保证产品的产量和质量的目的。若因人员状况变化及产品机型变更产生工位布局不合理,应及时调整工位人数或工作量,使流水作业畅通。

④应根据产品结构、元器件和零部件的变化情况,及时调整安装工艺。

⑤在总装配过程中,若质量反馈表明装配过程中存在质量问题,应及时调整工艺方法。

(3)结构工艺性方面的要求

电子产品装配的结构工艺性的高低直接影响着各项技术指标能否实现。结构是否合理,关系到整机内部的整齐美观,直接影响生产率的高低。结构工艺通常是指用紧固件和粘合剂将产品零、部件按设计要求装在规定的位置上。结构工艺性方面主要要求如下:

①要合理使用紧固零件,保证装配精度,必要时应有可调节环节,保证安装方便和连接可靠。

②机械结构装配后不能影响设备的调整与维修。

③线束的固定和安装要有利于组织生产,整机装配要整齐美观。

④根据要求提高产品结构件耐冲击、抗震动的能力。

⑤应保证线路连接的可靠性,操纵机构应精确、灵活,操作手感好。

3.线缆的连接

导线在整机电路中是做信号和电能传输用的,接线合理与否对整机性能影响极大,如果接线不符合工艺要求,轻则影响电路声、像信号的传输质量,重则会导致整机无法正常工作。

(1)导线接线的工艺要求

①接线要整齐、美观、牢固。导线的两端或一端用锡焊接时,焊点应无虚假焊。导线的两端或一端用接线插头连接时,接线插头与插座连接要牢固,导线不能松脱。接线的固定可以使用金属、塑料的固定卡或搭扣。安装电源线和高电压线时,连接点应消除应力,防止连接点发生松脱现象。整机内导线敷设应避开元器件密集区域,为其他元器件检查维修提供方便。

②在电气性能许可的条件下,低频、低增益的同向接线应尽量平行靠拢,使分散的接

线组成整齐的线束,减小布线面积。传输信号的连接线要用屏蔽线,尽量避开高频和漏磁场强度大的元器件,防止外界对信号形成干扰。交流电源的接线,应绞合布线,减小对外界的干扰。

③连接线要避开整机内锐利的棱角、毛边,防止损坏导线绝缘层,避免短路或漏电故障。整机电源引线孔的结构应保证当电源引线穿进或维修时,不会损伤导线绝缘层。若引线孔为导电材料,则应在引线上加绝缘套,而且此绝缘套在正常使用中应不易老化。绝缘导线要避开高温元件,防止导线绝缘层老化或降低绝缘强度。

（2）导线走线布线的工艺要求

整机内连接线的布置是否合理直接影响着整机的美观和电气性能的优劣,因此要注意连接线的走向和布设方法,具体应注意以下几点:

①不同用途、不同电位的连接线不要扎在一起,应相隔一定距离,或相互垂直交叉走线,以减小相互干扰。交流电源线、流过高频电流的导线,可把导线支撑在塑料支柱上架空布线,以减小对元器件的干扰。

②连接线要尽量缩短（特别是高频、高压的连接线）,使分布电感和分布电容减至最小,尽量减小或避免产生导线间的相互干扰和寄生耦合。与高频无直接连接关系的线束要远离高频回路,防止造成电路工作不稳定。

③线束在整机内分布的位置应有利于布线。水平导线敷设尽量紧贴底板,竖直方向的导线可沿框边四角敷设,以利于固定。从线束中引出接线至元器件的接点时,应避免线束在密集的元器件之间强行通过。线束弯曲时应保持其自然过渡状态,并进行机械固定。

④接地线应短而粗,减小接地电阻引起的干扰电压。本级电路的地线应尽量接在一起。输入、输出线应有各自的接地回路,避免采用公共地线。不同性质电路的电源地回路线应分别接地,回路线接至公共电源地端,不能让任何一个电路的电源经过其他电路的地线。

（3）接插件连接的工艺要求

导线电缆常作为电子产品中各部件的连接线,用于传输信号。其连接方式有两种,一种是直接焊接,另一种是通过接插件连接。焊接方式的优点是连接可靠,适用连接线不是很多的场合;接插件连接方式的优点是安装简单,适用需要插拔的场合。导线电缆与接插件的连接,首先应根据导线股数选择相应的电缆插头、插座的引脚数目,导线电缆需经过剥头、捻线、搪锡的处理后,焊接或装接到接插件的引脚上。

制作此类连接导线时应注意:

①每股导线都应先套上绝缘套管,再将导线分别按顺序焊到插头或插座的焊片上。

②焊接要牢固,不能松动。

③若电缆线束需弯曲,弯曲半径不得小于线束直径的两倍,且在插头、插座根部的弯曲半径不得小于线束直径的5倍。

④对于扁平电缆,大都采用穿刺卡接方式连接。这种连接的接头内有与扁平电缆尺寸相对应的 U 形接线簧片,用专用压线工具,在压力的作用下,簧片刺破电缆绝缘皮,将导线压入 U 形刀口,并紧紧挤压导线,获得电气接触。

4.零部件的装接固定

(1)螺钉固定

在电子产品的安装过程中,将电子零部件按照要求装接到规定的位置上,离不开螺钉固定。螺钉安装质量不仅取决于工艺设计,很大程度上也依赖于操作人员的技术水平和安装工具,一台精密的电子仪器可能由于一个螺钉的松动而无法正常工作,这样的例子在实际工作中并不少见。

①常用紧固件及选用

如图3-29所示,是电子装配常用的各种螺钉,这些螺钉在结构上有一字槽与十字槽两种。由于十字槽具有对称性好、安装时旋具不易滑出的优点,使用日益广泛。

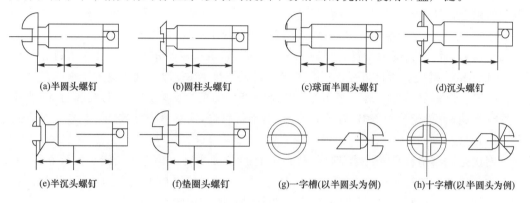

(a)半圆头螺钉　　(b)圆柱头螺钉　　(c)球面半圆头螺钉　　(d)沉头螺钉

(e)半沉头螺钉　　(f)垫圈头螺钉　　(g)一字槽(以半圆头为例)　　(h)十字槽(以半圆头为例)

图3-29　电子装配常用的各种螺钉

当连接面平整时,要选用沉头螺钉。选择的沉头大小合适时,可以使螺钉与平面保持同高。自攻螺钉适用于薄铁板与塑料件之间的连接,它的特点是不需要在连接件上攻螺纹。一般仪器上的连接螺钉,可以选用镀钢螺钉;仪器面板上的连接螺钉,为增加美观和防止生锈,可以选择镀铬或镀镍的螺钉。对导电性能要求比较高的连接和紧固,可以选用黄铜螺钉或镀银螺钉。

②螺钉紧固的方法

对于普通螺钉,先用手指握住手柄顺时针拧紧螺钉,再用手掌拧半圈左右即可。紧固有弹簧垫圈的螺钉时,要求把弹簧垫圈刚好压平即可。对成组的螺钉紧固,要采用对角轮流紧固方法,即先轮流将全部螺钉预紧(刚刚拧上为止),再按对角线的顺序轮流将螺钉紧固。

③螺钉防松的方法

常用的防止螺钉松动的方法有三种:加装垫圈、使用双螺母、使用防松漆,可以根据具体的安装对象选用,如图3-30所示。

(2)铆接

通过机械方法,用铆钉将两个或两个以上的零部件连接起来的操作过程称为铆接。铆接可分为冷铆和热铆。在电子产品装配中,常用的是冷铆法,市场上的铆钉大都是用铜或铝制作而成的。

当铆接半圆头的铆钉时,铆钉头应完全平贴于被铆零件上,并与铆窝形状一致,不允许有凹陷、缺口和明显的开裂,铆接后不应出现铆钉杆歪斜和被铆件松动的现象。沉头铆

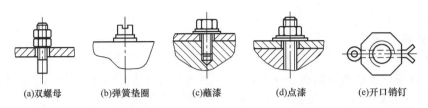

(a)双螺母　(b)弹簧垫圈　(c)蘸漆　(d)点漆　(e)开口销钉

图 3-30　防止螺钉松动的方法

钉铆接后应与被铆平面保持平整,允许略有凹下,但不得超过 0.2 mm。空心铆钉铆紧后扩边应均匀、无裂纹、管径不应歪扭。用多个铆钉连接时,应按对称交叉顺序进行。

铆接时,只有选择适当的铆钉长度,才能做出符合要求的铆接头,保证足够的铆接强度。如果铆钉杆太长,在铆合时铆接头容易偏斜;如果铆钉杆太短,做出的铆接头就不会圆满完整,并且会降低结构的坚固性。铆钉长度应等于被铆件的总厚度与留头长度之和。半圆头铆钉的留头长度为铆钉直径的 1.25～1.5 倍,沉头铆钉的留头长度为铆钉直径的 0.8～1.2 倍。铆接时铆钉直径大小与被连接件的厚度有关,铆钉直径应大于铆接厚度的 1/4,一般应取板厚的 1.8 倍。铆孔直径与铆钉直径的配合必须适当。若孔径过大,则铆钉杆易弯曲,若孔径过小,铆钉杆不易穿入,若强行打进,又容易损坏被铆件。

(3)销接

销接是利用销钉将零件或部件连接在一起的连接方法。其优点是便于安装和拆卸,并能重复使用。销钉按用途分有紧固销和定位销两种;按结构形式不同,又可分为圆柱销、圆锥销和开口销。在电子产品装配中,圆柱销和圆锥销较常使用。

销钉连接时应注意销钉的直径应根据强度确定,不得随意改变;销钉装配前,应将连接件的位置精确地调整好,以保证性能可靠,然后再一起钻铰;销钉多是靠过盈配合装入销孔中的,但不宜过松或过紧;圆锥销通常采用 1∶50 的锥度,装配时如能用手将圆锥销塞进孔深的 80%～85%,则可获得正常过盈;装配前应将销孔清洗干净,涂油后再将销钉塞入,注意用力要垂直、均匀,不能过猛,以防止头部镦粗或变形;对于定位要求较高或较常装卸的连接,宜选用圆锥销连接。

(4)胶接

用胶黏剂将各种材料黏接在一起的安装方法称为胶接。在无线电整机装配中常用来对轻型元器件及不便于螺接和铆接的元器件或材料进行胶接。胶接的工序一般为:黏接面加工→黏接面清洁处理→涂敷胶黏剂→叠合→固化。

胶接与铆接、焊接及螺接相比,有其自身的优点。比如便宜、工艺简单,修复容易;任何金属、非金属几乎都可以用胶黏剂来连接,且不受厚度限制;胶接变形小,常用于金属薄板、轻型元器件和复杂零件的连接;胶接可以避免应力集中,具有较高的抗剪、抗拉强度和良好的密封、绝缘、耐腐蚀特性。但胶接也有不足之处,如有机胶黏剂易老化、耐热性差(不超过 300 ℃);无机胶黏剂虽耐热,但性能脆;胶接接头抗剥离和抗冲击能力差等。

选择胶黏剂要从效果好、操作简单、成本低的角度出发,根据被胶接件的形状、结构和表面状态,以及被胶接零件需要承受的负荷和形式,选择合适胶接强度的胶黏剂。胶黏前应设法去除胶接接头或被黏接件表面的油污、氧化层和水分,或使其表面比较粗糙,并尽可能扩大黏接面积。表面处理完后,应尽快进行黏接,以防落入灰尘,黏接不牢。

胶接时应注意胶接环境的温度应为15 ℃～30 ℃,相对湿度不大于70%。涂敷胶黏剂应当厚度均匀、位置准确。叠合时接口处多余的胶液应及时清除干净。固定时要求夹具定位准确,压力和固化温度均匀,保温时间充分。

3.2.7 整机调试要求和方法

电子整机产品经装配准备、部件装配、整机装配后,都需要进行整机调试,才能使产品达到设计文件所规定的技术指标和功能。究其原因,是由于每个元器件的特性参数都存在着微小的差异,这些元器件的微小差异综合起来反映到一个单元电路或整机上,就会使电路的性能出现较大的偏差,加之在装配过程中可能会有各种分布参数的不同,可能导致刚装配焊接好的电路和整机不能正常工作,各项技术指标达不到设计要求。

调试是用测量仪表和一定的操作方法对单元电路板和整机的各个可调元器件和零、部件进行调整与测试,使之达到或超过规定的功能、技术指标和质量要求。调试包括调整和测试。调整是指对电路参数的调整,即对整机内可调元器件及机械传动部分进行调整,使之达到预定的性能要求。测试是指在调整的基础上,对整机的各项技术指标进行系统地测试,使电子设备各项技术指标符合规定的要求。

1.调试工作的内容

调试的目的是使产品达到技术文件所规定的功能和技术指标。调试既是保证并实现电子整机功能和质量的重要工序,又是发现电子整机设计、工艺缺陷和不足的重要环节。从某种程度上说,调试工作也是为不断提高电子整机的性能和品质积累可靠的技术性能参数。在产品试制阶段,调试可为产品定型提供技术保障,调试数据即为产品的性能参数。在小批量生产阶段,通过调试可以发现电子产品设计、工艺的缺陷和不足。大规模生产时,调试是保证并实现电子产品的功能和质量的重要环节。

调试一般在装配车间进行,对于简单的电路和小型电子产品,调试工作简便,一般在装配完成之后就可直接进行整机调试。对于复杂的电子产品,通常先要对单元电路或分板进行调试,达到各自要求后,再进行总装,然后进行整机总调。调试工作的内容有以下几点。

(1)正确合理地选择和使用测试仪器和仪表。

(2)按照调试工艺对电子设备进行调整和测试。调试完毕,用封蜡、点胶的方法固定元器件的调整部位。

(3)排除调整中出现的故障,并做好记录。

(4)认真对调试数据进行分析、反馈和处理,并撰写调试工作总结,提出改进措施。

2.调试方案的制定

调试方案是指一套适合某一电子产品调试的内容及做法。一套完整的调试方案要求调试内容具体、切实、可行,测试条件仔细、清晰,测试仪器和工装选择合理,测试数据尽量表格化。调试方案的制定对于电子设备调试工作的顺利进展影响很大。它不仅决定着调试质量的好坏,而且还影响调试工作效率的提高。因此,事先制定一套完整的合理的调试方案是非常必要的。

对于不同的电子产品其调试方案也是不同的,但是制定的原则具有共性,即:

(1)深刻理解产品的工作原理及影响产品性能的关键元器件及部件的作用,根据产品的性能指标要求,确定调试的项目及内容。

(2)根据电路中关键元器件及部件的参数允许变动的范围,确定实施主要性能指标的方法和步骤,要注意各个部件的调整对其他部件的影响,要使调试方法、步骤合理可行,使操作者安全方便。

(3)调试方案要考虑到现有的设备及条件,尽量采用先进的工艺技术,以提高生产效率及产品质量。

(4)制定调试方案时要求调试内容越具体越好;测试条件要写得仔细清楚;调试步骤应有条理性;测试数据尽量表格化,便于观察了解及综合分析;安全操作规程的内容要具体,要求要明确。

调试内容应根据国家或企业颁布的标准及待测产品的等级规格具体拟定。调试方案的基本内容都应在有关的工艺文件及表格中反映出来。一般包括:测试设备(包括各种测量仪器、工具、专用测试设备等)的选用、调试方法及具体步骤、测试条件与有关注意事项、调试安全操作规程、调试所需要的数据资料及记录表格、调试所需要的工时定额、测试责任者的签署及交接手续等等。

3.调试仪器的选择和使用

调试工作离不开仪器,调试仪器的正确选择与使用,直接影响调试质量的好坏。因此,需要正确选择和合理配置各种测试仪器。

一般通用电子测量仪器都只具有一种或几种功能,要完成某一产品的测试工作,往往就需要多台测试仪器及辅助设备、附件等组成一个测试系统。调试究竟要由哪些型号的仪器及设备组成,这要由调试方案来确定。在选择和使用仪器时需要注意以下几个方面的问题:

(1)仪器的测量能力、量程应满足被测电量的数值和精度范围

仪器需有测量被测信号类型的能力,比如测量高频信号要选用频率覆盖范围足够的仪器。再比如指针式仪表选择量程时,应使被测量值指在满刻度值的三分之二以上的位置,数字式仪表测量量程的选择,应使其测量值的有效数字位数尽量等于所指示的数字位数。

(2)测量仪器的工作误差应远小于被调试参数所要求的误差

在调试工作中,通常要求调试中产生的误差对于被测参数的误差来说可以忽略不计。对于测试仪器的工作误差,一般要求小于被测参数误差的十分之一。

(3)测试仪器输入阻抗要匹配

测试仪器输入阻抗的选择要求是在接入被测电路后,不改变被测电路的工作状态或者接入电路后所产生的测量误差在允许范围之内。

(4)各种仪器的布置应便于观测和操作

观察波形或读取测试结果(数据)时,视差要小,不易疲劳(例如指针式仪器不宜放得太高或太偏),应根据仪器面板上可调旋钮的位置布置,使调节方便舒适。

(5)仪器摆放要注意安全

仪器叠放时,应注意安全稳定,把体积小,重量轻的放在上面。对于功率大、发热量多的仪器,要注意仪器的散热和对周围仪器的影响。

(6)仪器的布置要力求接线最短

对于高增益,弱信号或高频的测量,应特别注意不要将被测件的输入与输出接线靠近或交叉。以免引起信号的串扰及寄生振荡。

4.调试工作的注意事项

在相同的设计水平与装配工艺的前提下,调试质量取决于调试工艺是否制定得正确和操作人员对调试工艺的掌握程度。为使生产过程形成的电子产品的各项性能参数满足要求并具有良好的可靠性,要求技术人员应加强对调试人员的培训,让调试人员熟悉调试方法,掌握调试规程,能熟练调试出合格的电子产品。

(1)对于调试人员而言,应通过不断学习,掌握与调试产品相关的知识,才能提高调试水平。

例如,应懂得被调试产品的各个部件和整机的电路工作原理,了解它的性能指标要求和使用条件;能正确、合理地选择测试仪器,熟练掌握这些仪表的性能指标和使用环境要求,深入了解有关仪器的工作特性、使用条件、选择原则、误差的概念和测量范围、灵敏度、量程、阻抗匹配、频率响应等知识;学会调试方法和数据处理方法,包括编制测试软件对数字电路产品进行智能化测试、采用图形或波形显示仪器对模拟电路产品进行直观化测试;熟悉在调试过程中对于故障的查找和消除方法;严格遵守操作和安全规程。

(2)在电路调试时,由于可能接触到危险的高电压,应加强测试现场的安全防护。

在电路调试时,由于可能接触到危险的高电压,特别是近年来一般都采用高压开关电源,由于没有电源变压器的隔离,220 V交流电的火线可能直接与整机底板相通,如果通电调试电路,很可能造成触电事故。

应加强测试现场的安全防护。测试现场内所有的电源开关、保险丝、插座和电源线等不许有带电导体裸露部分,所用的电器材料的工作电压和工作电流不能超过额定值。测试现场除注意整洁外,还要保持适当的温湿度,场地内外不应有剧烈的震动和很强的电磁干扰,测试台及部分工作场地必须铺设绝缘胶垫并将场地用拉网围好,必要时可加"高压危险"警告牌并放好电棒。工作场地必须备有消防设备,灭火器应适于扑灭电气起火且不会腐蚀仪器设备(如四氯化碳灭火器)。操作台和设备必须接地,台面使用防静电垫板,操作人员必须采取防静电措施,需带防静电接地手腕带。仪器及附件的金属外壳都应良好接地,仪器电源线必须采用三芯的,地线必须与机壳相连。测试仪器设备的外壳易接触的部分不应带电。非带电不可时,应加以绝缘覆盖层防护。仪器外部超过安全低电压的接线柱及其他端口不应裸露,以防止使用者摸到。

(3)在调试过程中,为保护调试人员的人身安全,应避免测试仪器和元器件的损坏,必须严格遵守安全操作规程。

在接通电源前,应检查电路及连线有无短路等情况。接通后,若发现冒烟、打火、异常发热等现象,应立即关掉电源,由维修人员来检查并排除故障。调试时,操作人员不允许带电操作,若必须和带电部分接触时,应使用带有绝缘保护的工具操作,应尽量学会单手操作,避免双手同时触及裸露导体,导致触电。在更换元器件或改变连接线之前,应先关掉电源,待滤波电容放电完毕后再进行相应的操作。调试工作结束或离开工作场所前应将所有仪器设备关掉并拉下电源总闸,方可离去。

5.调试的一般步骤

(1)调试前的准备工作

①熟悉调试的相关文件,特别是调试工艺文件

调试人员首先应仔细阅读调试说明及调试工艺文件,熟悉整机工作原理,技术条件及有关指标,了解各参数的调试方法和步骤。

②清理场地,准备调试工具

调试人员应按安全操作规程做好调试场地的布置,铺设合乎规定的绝缘胶垫,放置各类标牌以示警示和区别,把调试用的图纸、文件、工具、备件等放在适当的位置上。

③点亮仪器仪表

按照技术条件的规定,准备好测试所需的各类仪器,点亮调试用仪器仪表,检查是否有异常,如有,应及时通知维修人员。

④准备被调试产品

调试人员在工作前应检查被调试产品的工序卡,查看是否已到调试工序,是否有其他工序遗漏或签署不完整、无检查合格章等现象,被调试产品规格型号是否与调试文件一致。

(2)调试程序

由于电子产品的单元电路种类繁多,组成方式和数量也不同,所以调试步骤也不相同。但对一般电子产品来说,调试工作的一般步骤是电路分块隔离,先直流后交流。

所谓"电路分块隔离",是指在调试电路的时候,对各个功能电路模块分别加电,逐块调试。这样做,可以避免模块之间电信号的相互干扰;当电路工作不正常时,大大缩小了搜寻原因的范围。"先直流后交流"也称为"先静态后动态",当直流工作状态调试完成之后,再进行交流通路的调试。因为直流工作状态是一切电路的工作基础,直流工作点不正常,电路就无法实现其特定的电气功能。具体说来调试程序大致如下:

①通电检查

插上电源开关插头前,应先置电源开关于"关"位置,检查电源开关变换是否正常,保险丝是否装入,若均正确无误,再插上电源开关插头,打开电源开关通电。接通电源后,检查输入电压是否正确,电源指示灯亮,此时应注意是否有放电、打火、冒烟现象、有无异常气味,电源变压器是否迅速升温,若有这些现象,应立即停电检查。

②电源调试

电源是供电部分,首先要进行电源部分的调试,才能顺利进行其他项目的调试。电源电路的调试通常先在空载状态下进行,目的是避免因电源电路未经调试而加载,引起部分电子元器件的损坏。调试时,接通印制板的电源部分,测量有无稳定的直流电压输出,其值是否符合设计要求,或调节取样电位器使之达到预定的设计值。测量电源各级的直流工作点和电压波形,检查工作状态是否正常,有无自激振荡等。正常以后,再加等效负载进行电源细调,再测量各项性能指标,观察是否符合设计要求。调试完毕后,用胶水固定电感、可调电容等调整元件。

③按照电路的功能模块,分级分板调试

电源电路调好后,根据调试工艺需要,从前往后或者从后往前依次地把各功能模块接

通电源,测量和调整它们的工作状态,直到各部分电路均符合技术文件规定的各项技术指标为止,注意:应该调试完成一部分以后,再接通下一部分进行调试,不要一开始就把全部电路都加到电源上。同样,参数调整确定以后,可调元件必须用胶水或黏漆固定住。

④整机调整和测试

各功能模块电路调整好之后,把它们连接起来,测试相互之间的影响,排除影响性能的不利因素,并对整机的性能指标进行测试,包括总的消耗电流和功率、图形、图像、声音的效果等等。

⑤对产品进行老练和环境试验

大多数的电子产品在测试完成之后,应按规定进行整机通电老练试验,目的是提高电子产品工作的可靠性。有些电子产品在调试完成之后,还需进行环境试验,以考验在相应环境下正常工作的能力。环境试验内容和要求应严格按技术文件规定执行。

⑥参数复查和复调

经整机通电老练后,整机各项技术性能指标会有一定程度的变化,通常要进行参数复核复调,如达到规定要求,整批产品就可以包装入库了。

6.调试中故障的查找和排除

调试过程中,往往会遇到在调试工艺文件指定的调整元件时,调试指标达不到规定值,或者调整这些元件时根本不起作用,这时应先仔细地摸清故障现象,了解故障现象及故障发生的经过,掌握第一手资料。再根据产品的工作原理、整机结构以及维修经验正确分析故障,根据记录进行分析和判断,确定故障的部位和原因。查出故障原因后,修复损坏的元件和线路。对于需要拆卸修复的故障,必须做好处理前的准备工作。修复后,再对电路进行一次全面的调整和测试,并做好必要的标记或记录。

3.2.8 电子产品装配中的质量管理

电子产品生产包括设计、试制、制造等几个过程,每个过程的工艺各不相同,本书主要讲述电子产品在制造过程中的质量管理。

1.制造过程中工艺技术的种类

制造一个整机电子产品,会涉及方方面面的很多技术,且随着企业生产规模、设备、技术力量和生产产品的种类不同,工艺技术类型也不同。但并不是电子产品制造工艺无法归纳,与电子产品制造有关的工艺技术主要包括以下几种:

(1)机械加工和成形工艺

电子产品的结构件是通过机械加工而成的,机械类工艺包括车、钳、刨、铣、镗、磨、铸、锻、冲等。机械加工和成形的主要功能是改变材料的几何形状,使之满足产品的装配连接。机械加工后,一般还要进行表面处理,提高表面装饰性,使产品具有新颖感,同时也起到防腐抗蚀的作用。表面处理包括刷丝、抛光、印刷、油漆、电镀、氧化、铭牌制作等工艺。如果结构件为塑料件,一般可采用塑料成形工艺,其主要可分为压塑工艺、注塑工艺及部分吹塑工艺等等。

(2)装配工艺

电子产品生产制造过程中装配的目的是实现电气连接,装配工艺包括元器件引脚成形、插装、焊接、连接、清洗、调试等工艺;其中焊接工艺又可分为手工烙铁焊接工艺、浸焊工艺、波峰焊工艺、回流焊工艺等;连接工艺又可分为导线连接工艺、胶合工艺、紧固件连接工艺等。

（3）化学工艺

为了提高产品的防腐抗蚀能力,外形装饰美观,一般要进行化学处理,化学工艺包括电镀、浸渍、灌注、三防、油漆、胶木化、助焊剂、防氧化等工艺。

（4）其他工艺

其他工艺包括保证质量的检验工艺、老练筛选工艺、热处理工艺等。

2. 产品制造过程中的工艺管理工作

企业为了提高产品的市场占有率,在促进科技进步,提高工艺技术的同时,会在产品生产过程中采用现代科学理论和手段,加强工艺管理,即对各项工艺工作进行计划、组织、协调和控制,使生产按照一定的原则、程序和方法有效地进行,以提高产品质量。制造过程的工艺管理的主要内容有:

（1）生产方案准备

企业设计的新产品在进行批量生产前,首先要准备产品生产方案,其内容主要包括:新产品开发的工艺调研和考察、产品生产工艺方案设计、产品设计的工艺性审查、设计和编制成套的工艺文件、工艺文件的标准化审查、工艺装备的设计与管理、编制工艺定额、进行工艺质量评审、验证、总结和工艺整顿。

（2）生产现场管理

产品批量生产时,在生产现场,为了提高产品质量,需要加强现场生产控制,主要工作包括:确保安全文明生产;制定工序质量控制措施,进行质量管理;提高劳动生产率,节约材料,减少工时和能源消耗;制定各种工艺管理制度并组织实施;检查和监督执行工艺情况。

3. 产品的生产和全面质量管理

产品的生产过程是一个质量管理的过程,产品生产过程包括设计阶段、试制阶段和制造阶段,如果在产品生产的某一个阶段出现质量问题,那么该产品最终的成品一定也存在质量问题。由于一个电子产品由许多元器件、零部件经过多道工序制造而成,全面的质量管理工作就显得格外重要。质量是衡量产品适用性的一种度量,它包括产品的性能、寿命、可靠性、安全性、经济性等方面的内容。产品质量的优劣决定了产品的销路和企业的命运。

为了向用户提供满意的产品和服务,提高电子企业和产品的竞争能力,世界各国都在积极推行全面质量管理。全面质量管理涉及产品的品质质量、制造产品的工序质量和工作质量并关系到产品的各种直接或间接的质量工作。全面质量管理贯穿于产品从设计到售后服务的整个过程,要动员企业的全体员工参加。

制造过程是指产品大批量的生产过程,这一过程的质量管理内容主要有以下几个方面。

（1）按工艺文件在各工序、各工种、制造中的各个环节设置质量监控点,严把质量关。

（2）严格执行各项质量控制工艺要求,做到不合格的原材料不上机,不合格的零、部件不转到下道工序,不合格的整机产品不出厂。

（3）定期计量检定、维修保养各类测量工具、仪器仪表，保证规定的精度标准。生产线上尽量使用自动化设备，尽可能避免手工操作。有的生产线上还要有防静电设备，确保零、部件不被损坏。

（4）加强员工的质量意识培养，提高员工对质量要求的自觉性。必须根据需要对各岗位上的员工进行培训与考核，考核合格后才能上岗。

（5）加强其他生产辅助部门的管理。

4.生产现场的5S管理

5S起源于日本，是指在生产现场中对人员、机器、材料、方法等生产要素进行有效的管理，是日本企业独特的一种管理办法。随着世界经济的发展，5S对于塑造企业的形象、降低成本、准时交货、安全生产、确保高度的标准化、创造令人心旷神怡的工作场所、改善现场等方面都发挥了巨大作用，逐渐被各国的管理界所认识，如今，5S已经成为工厂管理的一股新潮流。

5S包括整理（SEIRI）、整顿（SEITON）、清扫（SEISO）、清洁（SEIKETSU）、素养（SHITSUKE）五个方面，因日语的罗马拼音均为"S"开头，所以简称为5S。开展以整理、整顿、清扫、清洁和素养为内容的活动，称为"5S"活动。

5S管理广泛应用于制造业，主要是针对制造业的生产现场，对材料、设备、人员等生产要素的相应活动进行管理，它可以改善现场环境的质量和员工的思维方法，使企业能有效地迈向全面质量管理。

（1）5S管理的内涵

①整理

整理是指区分要与不要的物品，现场只保留必需的物品。整理能区分什么是现场需要的，什么是现场不需要的，能对于车间里各个工位或设备的前后、通道左右、厂房上下、工具箱内外，以及车间的各个死角进行整理，达到现场无不用之物。

整理的目的是：改善工作环境，增加作业面积；现场无杂物，行道通畅，提高工作效率；减少磕碰的机会，保障安全，提高质量；消除因混放、混料等原因导致的差错事故；有利于减少库存量，节约资金；有利于改变作风，提高工作情绪。

②整顿

整顿是指必需品要按规定定位、按规定方法摆放整齐有序，明确标识。在前一步整理的基础上，整顿是对生产现场需要留下的物品进行科学合理的布置和摆放，以便用最快的速度取得所需之物，在最有效的规章、制度和最简洁的流程下完成作业。整顿的目的是不浪费时间寻找物品，提高工作效率和产品质量，保障生产安全。整顿可以把需要的人、事、物加以定量、定位。

整顿的主要内容包括：物品摆放要有固定的地点和区域，以便于寻找，消除因混放而造成的差错；物品摆放地点要科学合理，例如，根据物品使用的频率，经常使用的东西应放得近些（如放在作业区内），偶尔使用或不常使用的东西则应放得远些（如集中放在车间某处）；物品摆放目视化，使定量装载的物品做到过目知数，摆放不同物品的区域采用不同的色彩和标记加以区别。

③清扫

清扫的定义是清除现场内的脏污、清除作业区域的物料垃圾。清扫的目的是清除"脏污",保持现场干净、明亮。清扫可以将工作场所内的所有污垢去除,发生异常时,更容易发现异常的根源。清扫是实施自主保养的第一步,它能提高设备的完好率。

清扫的主要内容包括:自己使用的物品,如设备、工具等,要自己清扫,而不要依赖他人,不增加专门的清扫工;对设备的清扫,着眼于对设备的维护保养,清扫设备要同设备的点检结合起来,清扫即点检;清扫设备要同时做设备的润滑工作,清扫也是保养;清扫也是为了改善,当清扫地面发现有飞屑和油水泄漏时,要查明原因,并采取措施加以改进。

④清洁

清洁的定义是将整理、整顿、清扫的做法制度化、规范化,维持其成果。目的是认真维护并坚持整理、整顿、清扫的效果,使其保持最佳状态。清洁可以把整理、整顿、清扫活动坚持并引向深入,从而消除发生安全事故的根源,创造一个良好的工作环境,使职工能愉快地工作。

清洁的主要内容包括:车间环境不仅要整齐,而且要做到清洁卫生,保证工人身体健康,提高工人劳动热情;不仅物品要清洁,而且工人本身也要做到清洁,如工作服要清洁,仪表要整洁,及时理发、刮须、修指甲、洗澡等;工人不仅要做到形体上的清洁,而且要做到精神上的"清洁",待人要讲礼貌、要尊重别人;要使环境不受污染,进一步消除浑浊的空气、粉尘、噪音和污染源,消灭职业病。

⑤素养

素养是"5S"活动的核心,通过素养可以努力提高人员的自身修养,使人员养成严格遵守规章制度的习惯和作风。素养是指人人按章操作、依规行事,有良好的习惯。素养能提升"人的品质",能使每个人都成为有教养的人,能培养对任何工作都讲究认真的人。

(2)实行5S的作用

5S管理的作用也可归纳为5个S,即:Safety(安全)、Sales(销售)、Standardization(标准化)、Satisfaction(客户满意)、Saving(节约)。

①确保安全(Safety)

通过推行5S,企业往往可以避免因漏油而引起的火灾或滑倒,因不遵守安全规则而导致的各类事故、故障的发生,因灰尘或油污所引起的公害等,能使生产安全得到落实。

②扩大销售(Sales)

5S能使员工拥有一个清洁、整齐、安全、舒适的环境,能使企业拥有一支具有良好素养的员工队伍,更能博得客户的信赖。

③标准化(Standardization)

通过推行5S,员工可以养成守标准的习惯,员工的各项活动、作业都符合标准的要求,都符合计划的安排,为保证稳定的质量打下基础。

④客户满意(Satisfaction)

过去由于灰尘、毛发、油污等杂质经常造成加工精密度的降低,甚至直接影响产品的质量,而推行5S后,通过清扫、清洁,产品良好的生产环境得到了保证,产品质量也得以稳定。

⑤节约(Saving)

通过推行 5S,一方面减少了生产的辅助时间,提升了工作效率;另一方面因降低了设备的故障率,也提高了设备的使用效率,从而可降低一定的生产成本。

3.3　项目实施

3.3.1　项目示例:温度控制仪装配与调试

3.3.1.1　温度控制仪装配与焊接

1.任务要求

根据本项目知识准备学习的内容,装配焊接温度控制仪。要求根据给定的元器件清单,清点元器件,并进行元器件的检验、成形、插装和手工焊接。

(1)装配工具与仪器仪表

电烙铁一把、普通万用表一只、示波器一台、直流稳压电源一台,以及其他安装处理工具若干。

(2)元器件型号与测试清单

元器件型号与测试列表见表 3-2。

表 3-2　　　　　　　　　　　元器件型号与测试列表

序号	品名	型号/规格	配件图号	数量	实测情况记录
1	电容器	15 pF	C_1、C_2、C_5、C_6	4	
2	电容器	0.1 μF	C_4、C_{15}、C_{U1}-C_{U3}	5	
3	电解电容器	22 μF	C_3	1	
4	电解电容器	220 μF/25 V	C_7	1	
5	电解电容器	4.7 μF	C_8、C_9	2	
6	电解电容器	22 μF	C_{14}	1	
7	电阻器	200 kΩ	R_1	1	
8	电阻器	1 kΩ	R_2	1	
9	电阻器	10 kΩ	R_3、R_4、R_{13}	3	
10	电阻器	270 kΩ	$R_5 \sim R_{12}$	8	
11	电阻器	10 kΩ	R_{15}	1	
12	电阻器	330 kΩ	R_{16}	1	
13	电阻器	200 kΩ	R_{17}、R_{23}	2	
14	电阻器	100 kΩ	R_{18}	1	
15	电阻器	130 kΩ	R_{19}	1	
16	电阻器	30 kΩ	R_{20}、R_{21}	2	
17	电阻器	20 kΩ	R_{22}	1	
18	电阻器	1 kΩ	R_{24}、R_{25}	2	
19	电阻器	30 kΩ	R_{26}	1	
20	电阻器	6.2 kΩ	R_{27}	1	
21	电阻器	2 kΩ	R_{28}	1	
22	排阻器	100 kΩ * 8	R_{151}	1	
23	电阻器	120 kΩ	R_{161}	1	
24	电阻器	2.4 kΩ	R_{162}	1	

（续表）

序号	品名	型号/规格	配件图号	数量	实测情况记录
25	可调电阻	500 kΩ	R_{W1}	1	
26	可调电阻	20 kΩ	R_{W2}	1	
27	发光二极管	LED	D_1	1	
28	二极管	4148	D_2	1	
29	晶体管	9013	Q_1	1	
30	连接器	CON5	J_1	1	
31	插针	HEADER3	J_{P1}	1	
32	光耦	521	U_6	1	
33	按键开关	SW-PB	NUM0～NUMF、S1	17	
34	晶振	12 MHz	X_0	1	
35	继电器	RELAY-SPDT	K_1	1	
36	2输入或门	74LS32	U_1	1	
37	双D触发器	74LS74	U_2	1	
38	非门	74LS04	U_3	1	
39	A/D转换器	ADC0809	U_5	1	
40	运算放大器	LM358	U_8	1	
41	单片机	AT89S51	U_{10}	1	
42	锁存器	74LS573	U_{12}	1	
43	LED数码管	7LED-SEG	DS0～DS3	4	
44	键盘显示控制器	ZLG7289	U_4	1	
45	可控精密稳压源	TL431	U_7	1	
46	ISP下载接口	ISP	ISP	1	
47	温度传感器	RT	RT	1	
48	IC芯片插座	14 脚	U_1～U_3	3	
49	IC芯片插座	8 脚	U_8	1	
50	IC芯片插座	28 脚	U_4、U_5	2	
51	IC芯片插座	40 脚	U_{10}	1	

（3）PCB板

温度控制仪 PCB 板如图 3-31 所示。

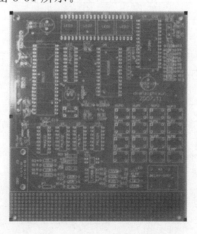

图 3-31　温度控制仪 PCB 板

2.实施过程

温度控制仪印制板如图 3-31 所示。在温度控制仪装配与焊接过程中,参照装配流程图(图 3-32)展开。工作中碰到的问题可通过小组讨论、在线答疑等方式解决。

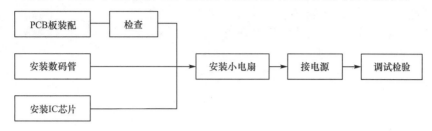

图 3-32　温度控制仪装配流程图

(1)元器件清点

对照表 3-2 给定的温度控制仪元器件的品名、配件图号及数量对元器件进行清点,如有缺少,及时向实验人员和教师提出,进行补缺。

(2)元器件检测

借助万用表、示波器、直流稳压电源、晶体管特性图示仪等仪器仪表,对各元器件的型号/规格逐一进行检测,同时做好记录并填表。

①各种电阻器、电位器、电容器,应用万用表进行测量;

②二极管、三极管,使用晶体管特性图示仪进行检测;

③集成电路,应用万用表对其质量、参数和逻辑功能进行检测;

④各种开关、接插件,应用万用表检测其通、断性能;

⑤温度传感器,应用传感器实验平台对其参数进行测量。

(3)引线整形

为了安装和焊接的方便,提高装配质量和效率,加强电子设备的防振性和可靠性,在安装前,根据元器件安装位置的特点及技术方面的要求,预先把元器件引线弯曲成一定的形状。引线成形后的元器件应放在专门的容器中保存。引线成形过程中应注意:

①成形时元器件的型号、规格和标识向上。

②成形时不应损坏元器件本体,引线弯曲部分不允许出现模印、压痕和裂纹。

③元器件直径的减小或变形不应超过 10%,其表面镀层剥落长度不应大于引线直径的 1/10。

④若引线上有熔接点,则在熔接点和元器件本体之间不允许有弯曲点,熔接点到弯曲点之间应保持 2 mm 的间距。

⑤引线成形尺寸应符合安装基本要求,如图 3-33 所示。

(4)插装与焊接

为了提高效率,温度控制仪的插装和焊接应采用边插装边焊接的方式。温度控制仪装配流程如图 3-32 所示,插装与焊接过程中除了遵循知识准备中的工艺规范外,还应注意以下内容:

①分批插装,即先插装和焊接同一种元器件,再插装和焊接另一种元器件。

②先插装水平安装的元器件,再插装立式安装的元器件。温度控制仪中电阻器、二极管、

集成电路芯片插座采取水平装配方式;电容器、三极管、可控精密稳压源采用立式装配方式。

③排阻是有极性的,插装时不能插反,否则将影响功能。一般来说,排阻的丝印位置上标有公共脚位置,用"1"字表示,插装时须查看清楚。

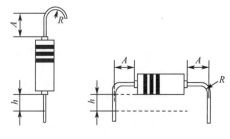

图 3-33　引线成形安装基本要求

④有极性的电解电容在安装时,极性方向必须与印制板上所标明的方向一致,同时元件主体应在两孔中间。电解电容长的引脚的一端表示正方向(或在元件体上用"＋"标明正方向)。无极性瓷片电容很脆,安装时应小心,以免损坏,同时有文字标识的一面应朝外。

⑤二极管是有极性的元件,插装时要看清印制板丝印中的极性标识,判明二极管的极性,不能将二极管方向插反了,否则将影响功能,严重时还可能引起自身或其他零件的烧毁。在安装时,元件主体应在二极管元件封装两孔的中间位置。

⑥三极管、可控精密稳压源的三个引脚必须插装正确,否则就不能发挥出它们的功能,甚至影响整块电路板的正常工作。同时,三极管、可控精密稳压源元件体上有文字标识的平面应朝外。

⑦IC 芯片插座是有方向性的器件,插座上有一个凹口表示方向,印制板丝印记号也有一个凹口记号,两者要对应,切勿插反了。

⑧电阻 R_{26}、R_{27}、R_{28}、可调电阻 R_{W1}、电源＋2.5 V 和地安装在扩展区,如图 3-31 所示,需要仔细对照电路原理图,合理布局、连线和焊接。

⑨剪脚时要注意不能损伤焊盘。

⑩焊接完成后,应认真检查是否有焊接缺陷。

3.3.1.2　温度控制仪硬件和软件调试

1. 任务要求

印制板装配好后,开始进行硬件调试和软件调试。调试的目的就是借助相关仪器仪表对装配好的电路板进行检查、调整、测试、检修,使之符合设计要求,达到性能指标。调试一般包括调整和测试两部分工作。调整主要是对电路参数的调整。一般是对电路中可调元器件,例如电位器以及有关机械部分进行调整。测试主要是对电路的各项技术指标和功能进行测试,以达到或超出预期的设计性能指标。

(1)温度控制仪性能指标

①测量温度范围为 0~50 ℃;

②显示当前温度和设定温度,按键输入修改设定温度;

③继电器输出控制小电扇工作,控制精度为±1 ℃;若当前温度大于设定温度,小电扇开始工作,否则小电扇停止工作。

(2)调试用仪器仪表

变阻箱、万用表、示波器、直流稳压电源、单片机开发系统、其他相关工具等。

2. 实施过程

温度控制仪调试和检验工作过程包括:硬件调试、软件设计、软件调试、功能检验等,调试和检验工作过程如图 3-34 所示。温度控制仪硬件调试主要调整可调电阻 R_{W1}、R_{W2},软件调试内容主要包括软件仿真和实物联调。硬件调试和软件调试完成后进行功能检验。

图 3-34 调试和检验工作过程

(1)硬件调试

①通电前的检查

电路在插装、焊接与总装好之后,在通电调试之前,必须认真对照电路图,按一定的顺序逐级进行检查。检查的方式主要是目测,或者借助万用表来完成。

检查的内容主要有焊点是否有漏焊、虚焊、球焊、毛刺、桥接、挂锡等缺陷;元器件是否有错装、漏装、错联和歪斜松动等现象;电路板是否有印制板铜箔起翘、焊盘脱落、导线焊接不当等现象。

特别要注意检查电源是否接错,电源与地是否有短路,二极管方向和电解电容的极性是否接反,集成电路和晶体管的引脚是否接错,甚至轻轻拔一拔元器件,观察焊点是否牢固,等等,一旦发现上述问题应即时进行修整。

②通电后的观察

首先将直流稳压电源的输出电压调整到+5 V、+12 V 和−12 V,然后再次确定电路板电源端有无短路,接通温度控制仪印制板电源。

电源接通后,先不要急于用仪器仪表观察波形、测量数据,而是先要观察电路板是否有异常现象,如:冒烟、异味、放电的声光、元器件是否发烫等。如果有,不要惊慌,应立即切断电源,待查找原因排除故障后,方可重新接通电源。

电路板初步检查无异常后,再用万用表测量每个集成电路芯片的供电电压值,并做好记录,见表 3-3,以确定集成电路能否正常工作。若实测情况与正常工作电压不符,也应关断电源,分析原因排除故障后,再次接通电源,重新测量比较,直至正常为止。

表 3-3 集成电路芯片的工作电压测量表

序 号	品名	型号/规格	电源引脚	工作电压	实测情况记录
1	单片机	AT89S51	40	+5 V	
2	A/D 转换器	ADC0809	12	+5 V	
3	运算放大器	LM358	4	−12 V	
4	运算放大器	LM358	8	+12 V	
5	键盘显示控制器	ZLG7289	1、2	+5 V	
6	可控精密稳压源	TL431	3	+2.5 V	

③信号调理电路调试

根据电路工作原理,信号调理电路的作用为:热敏电阻 R_{pt} 负责把非电量温度(0～50 ℃)信号转换成电信号;信号调理电路负责对温度测量电路输出的电压信号进行反向、放大、零电位补偿等,使需要测量的温度信号转变成输出电压信号 0～5 V。在信号调理电路中有两个可调电阻 R_{W1}、R_{W2},温度测量与信号调理电路如图 3-35 所示。

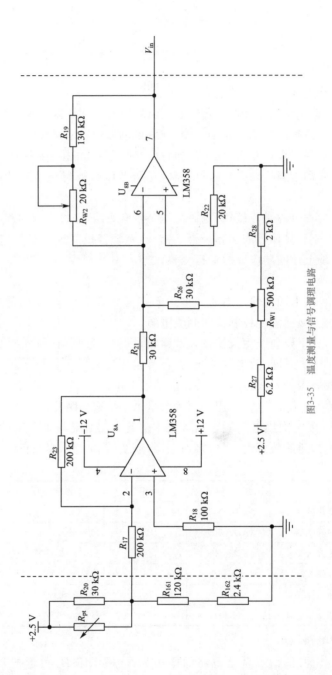

图3-35 温度测量与信号调理电路

调试的原理是用变阻箱代替热敏电阻,用变阻箱电阻的变化代替热敏电阻受温度变化影响时的电阻变化,并在温度和输出电压之间建立近似的线性关系,并一一对应,如图 3-36 所示。

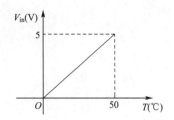

图 3-36 当前温度与输出电压之间线性关系图

调试前,首先应查阅热敏电阻 R_{pt} 在 $0 \sim 50$ ℃时的电阻值,填入表 3-4 中,用变阻箱(电阻值范围为 $0 \sim 99999.9 \ \Omega$)代替热敏电阻,将其最小值和最大值两端接在印制电路板上热敏电阻 R_{pt} 的位置,连接图如图 3-37 所示。此时旋转变阻箱上各位旋钮来改变阻值,例如,模拟当前温度为 0 ℃时,热敏电阻 R_{pt} 反映出来的阻值为 $8170 \ \Omega$,只需要依次旋转变阻箱上万位数字为 0、千位数字为 8、百位数字为 1、十位数字为 7、个位数字为 0,就能模拟热敏电阻感受温度的变化所反映出来的电阻值变化了。

表 3-4 温度控制仪信号调理电路调试记录表

序号	当前温度	R_{pt}电阻值	理想输出电压	实测情况记录
1	0 ℃	8170 Ω	0 V	
2	…	…	…	
3	25 ℃	2890 Ω	2.5 V	
4	…	…	…	
5	50 ℃	1160 Ω	5 V	

信号调理电路调试连接图如图 3-37 所示,调试电路连接好后,具体的调试步骤如下:

a. 上电后,应确保 LM358 上的 $+12$ V 和 -12 V 工作电压,以及电阻 R_{27} 上端口的 $+2.5$ V 工作电压。

b. 将变阻箱的阻值旋转到 $8170 \ \Omega$(模拟当前温度为 0 ℃),用万用表测量 LM358 的第 7 引脚输出电压。如果与 0 V 不等(或误差超过 ± 0.1 V),可用无感应起子旋转可调电阻 R_{w1} 进行粗调,旋转 R_{w2} 进行细调,边旋转边观察万用表读数的变化,直到输出电压在误差范围(± 0.1 V)内。

c. 再将变阻箱的阻值旋转到 $1160 \ \Omega$(模拟当前温度为 50 ℃),用万用表测量 LM358 的第 7 引脚输出电压。如果与 5 V 不等(或误差超过 ± 0.1 V),可用无感应起子分别旋转可调电阻 R_{w1}(粗调)和 R_{w2}(细调),边旋转边观察万用表读数的变化,直到输出电压在误差范围(± 0.1 V)内。

d. 同样的方法,将步骤 b 和 c 反复调试 $2 \sim 3$ 次,直至对应输出电压值都在误差范围

图 3-37　信号调理电路调试连接图

内。然后在当前温度为 0 ℃和 50 ℃之间，任取一个温度对应的阻值来调试，方法同上。

应当注意的是，对应输出电压值只要在误差范围内就可以，不要一味追求某一温度的绝对精确，这样往往会导致顾此失彼。另外，调节可变电阻时，应先粗调 R_{W1} 再细调 R_{W2}，力度不要太大。

调理电路调试好了之后，取下变阻箱两端引线，焊接温度传感器 R_{pt} 到对应位置。

（2）软件调试

单片机的软件调试分为两个阶段，一是软件模拟仿真调试，二是软硬件联调。

软件模拟仿真调试，就是用计算机去模拟单片机的指令执行，并虚拟单片机片内资源，找出硬件、软件之间不相匹配的地方，反复修改和调试程序，从而实现调试的目的。软件模拟仿真调试无法实现与硬件电路直接连接的调试。经过硬件调试后，即可进行软件模拟仿真调试阶段。该阶段在计算机上完成，这里就不再赘述。

软硬件联调就是计算机软件把编译好的程序传输到仿真器，然后仿真器仿真全部的单片机资源，并将单片机内部内存与时序等情况返回给计算机，从而实现硬件电路的连接，这里的仿真器就相当于一个单片机。软件模拟仿真调试工作完成以后，即可组装成机器，移至现场进行运行和进一步软硬件联调，并根据运行及调试中的问题反复修改程序。

温度控制仪系统联调的连接图如图 3-38 所示，需要配置的调试工具和仪器设备主要包括：电脑、仿真器、用户板、稳压电源、示波器、万用表等。电脑上需安装单片机开发软件，如：Keil μVision2 等。

下面将具体介绍如何使用 Keil μVision2 软件来进行调试的过程。

图 3-38　系统联调连接图

①创建一个 Keil μVision2 项目

选择 Project/New μVision Project 选项，在弹出的"Create New Project"对话框中选择要保存项目文件的路径，在"文件名"文本框中输入项目名为"温度控制仪"，如图 3-39 所示，然后单击"保存"按钮。

图 3-39　Create New Project 对话框

此时系统会弹出一个对话框，要求选择单片机的型号。选择 AT89S51 之后，右边 Description 栏中即显示单片机的基本说明，然后单击"确定"按钮。出现如图 3-40 所示项目编辑界面。

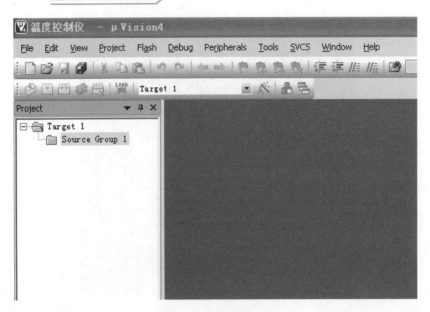

图 3-40　项目编辑界面

②新建一个源程序文件

选择 File/New 选项,在弹出的程序文本框中输入源程序;再选择 File/Save 选项,或者单击工具栏中的 按钮,如图 3-41 所示,在系统弹出对话框中,选择要保存的路径,在"文件名"文本框中输入文件名"main",扩展名为.c,单击"保存"按钮。

图 3-41　"Save As"对话框图

单击项目管理区中 Target 1 前面的"+"号,展开里面的内容 Source Group 1,右键单击 Source Group 1,在弹出的快捷菜单中选择 Add File to Group 的 Source Group 1 选项,如图 3-42 所示。

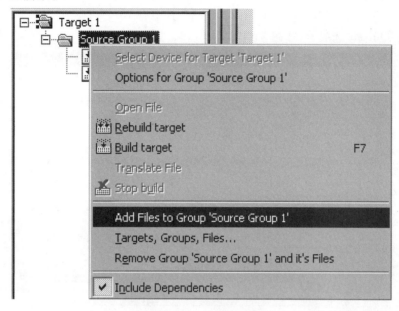

图 3-42　Add Files to Group 'Source Group1'菜单

选择源文件"main.c",单击"Add"按钮添加,再单击"Close"按钮,关闭该窗口。这时在 Source Group 1 目录里就有 main.c 文件了,如图 3-43 所示。

图 3-43　main.c 文件

③目标环境设置

用鼠标右键单击 Target 1,在弹出的菜单中选择 Options for Target "Target 1"选项,弹出 Options for Target "Target 1"对话框,其中有 10 个选项卡。

a. 设置 Output 选项卡(如图 3-44 所示)

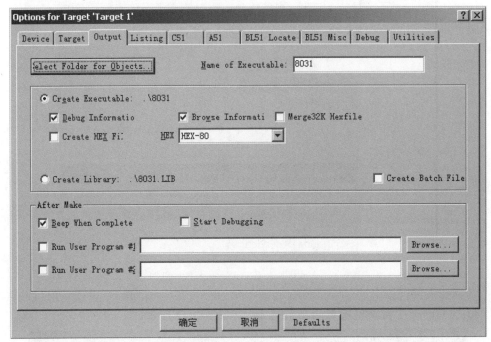

图 3-44　设置 Output 卡

单击 Select Folder for Objects 按钮可以选择编译后目标文件的存储目录,如果不设置,就存储在项目文件的目录里。在 Name of Executable 中设置生成的目标文件的名字,缺省情况下和项目的名字一样。目标文件可以生成库或者 obj、HEX 的格式。如果要生成 OMF 以及 HEX 文件,在 Create Executable 中选中 Debug Information 和 Browse Information。选中这两项,才有调试所需的详细信息。要生成 HEX 文件,一定要选中 Create HEX File 选项,如果编译之后没有生成 HEX 文件,就是因为这个选项没有被选中,默认是不选中的。

b. 设置 Debug 选项卡(如图 3-45 所示)

这里有两类仿真形式可选:Use Simulator 和 Use:Keil Monitor-51 Driver,前一种是纯软件仿真,后一种是带有 Monitor-51 目标仿真器的仿真,即硬件仿真,实时在线仿真。

如果选择 Use:Keil Monitor-51 Driver,还可以单击图 3-45 中的 Settings 按钮,打开新的窗口如图 3-46 所示,其中的设置如下。

• Port:设置串口号,为仿真机的串口连接线 COM_A 所连接的串口。

• Baudrate:设置为 9600,仿真机固定使用 9600 bit/s 跟 Keil 通信。

• Serial Interrupt:允许串行中断,选中它。

• Cache Options:可以选也可以不选,推荐选它,这样仿真机会运行得快一点。

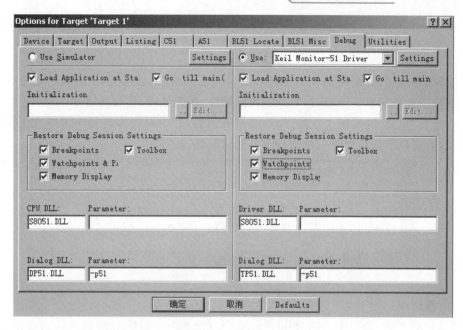

图 3-45 设置 Debug 选项卡

最后单击 OK 按钮关闭窗口。

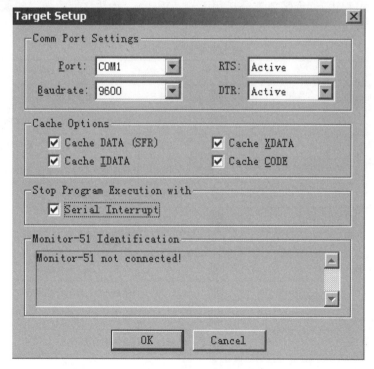

图 3-46 Target 设置

④编译程序

单击工具栏中的 ![btn] 按钮,如图 3-47 所示,开始编译程序。

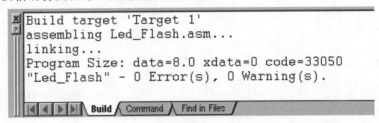

图 3-47　工具栏中的按钮

如果编译成功,开发环境下面会显示编译成功的信息,如图 3-48 所示。如果编译不成功,则根据编译信息提示,到指定位置排除错误,再次编译,直至无错误。

注:编译成功仅表明程序语法、句法等没有问题,并不说明你的程序可以实现预期功能,所以,需要借助仿真器等工具进行反复调试验证。

```
Build target 'Target 1'
assembling Led_Flash.asm...
linking...
Program Size: data=8.0 xdata=0 code=33050
"Led_Flash" - 0 Error(s), 0 Warning(s).
```
Build / Command / Find in Files /

图 3-48　编译成功信息

⑤仿真调试

编译完毕之后,选择 Debug/Start/Stop Debug Session 选项,即进入仿真环境,或者单击工具栏中的 @ 按钮。

仿真调试过程中,读者需要充分运用 Keil μVision2 软件自带的强大的调试命令和工具。如表 3-5、图 3-49 所示。

表 3-5　　　　　　　　　　　　　调试菜单和调试命令

菜单	工具栏	快捷键	描述
Start/Stop Debugging	@	Ctrl+F5	开始/停止调试模式
Run（Go）	▤↓	F5	运行程序,直到遇到一个中断
Step into	冄	F11	单步执行程序,遇到子程序则进入
Step over	冄	F10	单步执行程序,跳过子程序
Step out of	冄	Ctrl+F11	执行到当前函数的结束
Current function stop Running	⊗	Esc	停止程序运行
Breakpoints…			打开断点对话框
Insert/Remove Breakpoint	✋		设置/取消当前行的断点
Enable/Disable Breakpoint	✋		使能/禁止当前行的断点
Disable All Breakpoints	✋		禁止所有的断点
Kill All Breakpoints	✋		取消所有的断点
Show Next Statement	➪		显示下一条指令

在进行程序调试时,有时需要用到外部端口、定时器溢出或产生外部中断,则可打开"Peripherals"菜单,找到想要的器件,对它进行手动设置。如表 3-6、图 3-50 所示。

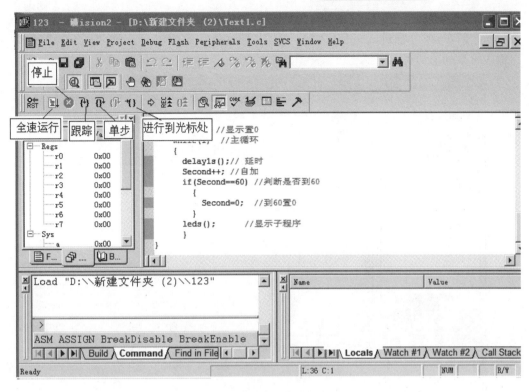

图 3-49　工具栏调试菜单和命令

表 3-6　　　　　　　　　　外围器件菜单 Peripherals

菜单	工具栏	描述
Reset CPU	![RST]	复位 CPU
Interrupt		中断观察
I/O-Ports		I/O 口观察
Serial		串口观察
Timer		定时器观察

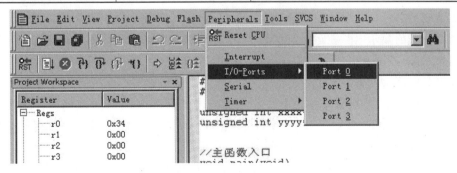

图 3-50　外围器件菜单 Peripherals

　　在程序运行时可能需要观察某个量的值,可在窗口下面的"Watch ♯1"或"Watch ♯2"等窗口中将要观察的变量输入。在此窗口没打开时,可选 View/Watch & Call stack window 打开观察窗口。

如图 3-51 所示,观察变量"Second"的值。选中"type F2 to edit",按 F2 输入"Second"回车,即可看到该变量此时的值。当要改变它的值时,则可选中"0x00",按 F2 后输入想要的值即可。

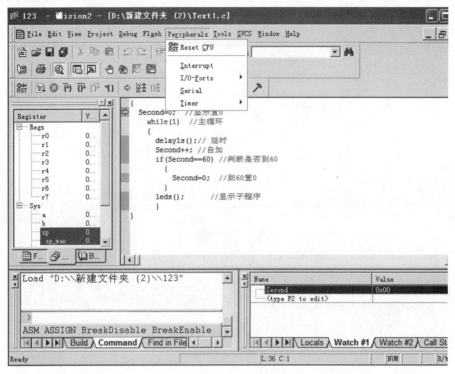

图 3-51　变量"Watch"窗口

(3)功能检验

①显示电路功能检验

温度控制仪的单片机 AT89S51 实现对 A/D 转换器输入的当前温度信号进行处理,同时接受按键输入的设定温度值,并控制键盘显示控制器 ZLG7289 显示。ZLG7289 是智能显示驱动芯片,承担了 8 位 LED 数码管显示,64 个按键输入的专用接口芯片。

调试成功的显示电路在运行测试指令后,电路板 4 位数码管所有 LED 全部点亮,并处于闪烁状态,如图 3-52 所示。

②键盘电路功能检验

本温度控制仪中,键盘显示控制器 ZLG7289 负责扫描 4×4 矩阵式键盘、检测有效按键、获取按键值并传送给单片机,单片机 AT89S51 负责接收 ZLG7289 传送过来的按键值。16 个按键按功能分为三类:数字键 0～9、功能键 A 和 B、无效键 C～F。调试成功的键盘电路功能为:先按功能键"B"进入"设定温度值"功能状态,上一次设定温度值十位数字闪烁,此时可以输入数字键修改设定温度的十位,如图 3-53 所示。

③A/D 转换电路功能检验

A/D 转换电路负责将信号调理电路输出的电压模拟量转换成 8 位数字量,供单片机系统采集、存储并处理。A/D 转换芯片的选择关系到温度控制仪的精度和稳定度。根据

图 3-52　显示电路测试图

图 3-53　键盘显示电路测试图

温度控制仪的性能指标要求：控制精度为 $\pm 1\ ℃$，分辨率为：$1\ ℃/50\ ℃=0.02$；ADC0809，输出数字量为 8 位，分辨率为：$1/255 \approx 0.004$；因此，A/D 转换芯片 ADC0809 分辨率完全满足温度控制仪的性能指标要求。另外，当前温度值 T_C 与 8 位数字量 D 之间的换算关系见表 3-7。

表 3-7　温度值 T_C 与 8 位数字量 D 之间的换算关系表

当前温度	模拟电压值	数字量
T_C		D
50 ℃	5 V	255

$$T_C / 50 = D / 255$$
$$T_C = (D \times 50) / 255$$

调试成功的 A/D 转换电路功能为:能显示当前的温度值,与温度计测量值相比较,误差在 ±1 ℃ 范围内,如图 3-54 所示。

图 3-54   A/D 转换电路测试图

④输出控制电路功能检验

单片机比较当前温度值和设定温度值,然后输出开关量控制继电器动作。+12 V 电压工作的小电扇接在继电器输出端。

调试成功的输出控制电路,能实现控制小电扇工作的功能。如果当前温度值大于设定温度值时,LED 指示灯熄灭,继电器动作,小电扇开始工作;如果当前温度值小于设定温度值时,LED 指示灯点亮,继电器动作,小电扇停止工作。如图 3-55、图 3-56 所示。

(4)单片机应用系统调试的注意事项

①排除逻辑故障。主要包括错线、开路、短路。排除的方法是首先将加工的印制板认真对照原理图,看两者是否一致。利用数字万用表的短路测试功能,可以缩短排错时间。

②排除元器件失效故障。元器件可能本身就是坏的,也可能安装错误,造成器件烧坏。在保证安装无误后,用替换方法排除错误。

③排除电源故障。在通电前,一定要检查电源电压的幅值和极性,否则很容易造成集成块损坏。加电后检查各插件上引脚的电位,一般先检查 V_{cc} 与 GND 之间的电位。

④对于脉冲触发类的信号,我们要用软件来配合,再利用示波器观察;对于电平类触发信号,可以直接用示波器观察。

⑤对程序进行断点设置,利用开发装置检查程序在断点前后相关变量值的变化。

⑥先调试好显示电路功能,再调试键盘电路就比较简单了。

单片机应用系统调试的工作量比较大,约占总开发时间的 2/3。需要读者的耐心、细心、智慧和经验。充分借助调试工具和调试方法,可以大大缩短单片机的开发周期。

3.3.2   项目实现:家用电子秤装配与调试

按照电子产品装配工艺的要求,手工装配家用电子秤印制电路板;完成家用电子秤的硬件调试和软件调试,实现如下功能指标:

图 3-55　小电扇工作测试连接图

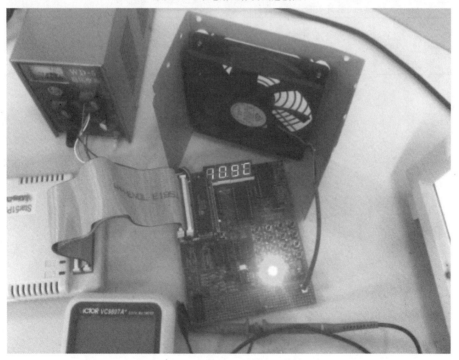

图 3-56　小电扇停止工作测试连接图

(1)重量量程 1 kg;

(2)分度值为 1 g;

（3）显示重量值；

（4）"去皮"功能；

（5）"置零"功能。

3.4 项目评价

项目评价具体见表 3-8。

表 3-8   项目评价

项目内容	配分	评分标准	扣分	得分
插装	25	元件检测正确 10 分 引线整形正确 5 分 元器件插装正确 10 分	元件检测有错每处扣 1 分,引线整形错误每处扣 1 分,元器件插装错误每处扣 2 分	
焊接	15	PCB 板焊接正确 10 分 扩展板焊接正确 5 分	接线错误每处扣 5 分,存在错焊、铜箔翘起、虚焊、搭焊等严重焊接质量缺陷的每处扣 2 分,存在焊点不美观等轻微焊接质量缺陷的每处扣 0.5 分	
调试	30	键盘显示电路 10 分 信号调理电路 10 分 A/D 转换电路 10 分	模块功能电路调试达不到设计要求每个扣 5 分	
功能	20	系统联调 10 分 系统功能 10 分	设计性能指标达不到要求,每个扣 5 分	
安全文明	10	安全文明操作 10 分	焊接过程中没有注意静电防护的扣 2 分,调试过程中没有按要求开关设备电源的扣 5 分,没有遵守安全操作程序的扣 10 分	

项目 4　电子产品技术文件的撰写

4.1　项目描述

4.1.1　项目说明

如何填写电子产品设计和制作时形成的技术文件是本项目学习的重点。学生通过对本项目的学习,了解如何填写温度控制仪的技术文件,掌握设计文件的格式和填写方法、工艺文件的内容和填写方法。并能够自主编写电子秤的技术文件。

4.1.2　项目目标

1.知识目标

(1)了解技术文件的特点和分类。

(2)掌握设计文件的格式和填写方法。

(3)熟悉常用设计文件的组成和要求。

(4)掌握工艺文件的基本概念、内容和编写方法。

(5)了解常用工艺文件图表的作用。

2.技能目标

(1)会填写设计文件。

(2)会填写工艺文件。

4.2　项目知识准备

4.2.1　技术文件的特点和分类

1.技术文件的特点

电子产品技术文件是电子产品生产、试验、使用和维修的基本依据,是企业组织生产和实验管理的法规,因而对它有严格的要求。

(1)执行标准严格

技术文件必须全面、严格地按照国家有关标准制定,不具备丝毫的"灵活性"和"随意性"。所有电子产品生产企业的企业标准,不能违背国家标准,只能是国家标准的补充或延伸。

(2)文件格式严谨

技术文件必须满足国家标准格式要求。格式要求涵盖图样编号、图幅、图栏、图幅分区等所有文件格式。为了便于技术文件存档和成册,格式一般与机械图相兼容。

(3)文件管理规范

电子产品技术文件具有生产法规的效力,在电子产品生产制造业,一张图卡一旦审核签署,便不能再随意更改。如果需要更改,也必须经过严格的更改手续。技术文件由技术管理部门进行管理。企业对文件的审核、签署、更改、保密等工作都有详细规定。

2.技术文件的分类

技术文件作为产品生产过程中的基本依据,分为设计文件和工艺文件两大类。

(1)设计文件

设计文件是电子产品在研发、设计、试制和生产过程中形成的图样及技术资料。设计文件由企业设计部门编制。设计文件规定了产品的组成形式、结构尺寸、原理以及在制造、验收、使用、维护和修理方面所必须的技术数据和说明,是组织生产的基本依据。在编制设计文件时,应根据产品的复杂程度、继承性、生产批量以及生产的组织方式等特点,在满足组织生产和使用要求的前提下,编制所需的相应设计文件。

①设计文件的分类

设计文件的种类根据分类方法的不同有所不同。

按表达内容可分为图样、简图、文字与表格。图样是指用于说明产品加工和装配要求的设计文件,如装配图、外形图、零件图等。简图是指用于说明产品的装配连接、有关原理和其他示意性内容的设计文件,如电路原理图、接线图等。文字与表格是指以文字和表格的方式说明产品的组成和技术要求的设计文件,如说明书、明细表、汇总表等。

按形成的过程可分为试制文件和生产文件。试制文件是指设计定型过程中所编制的各种设计文件。生产文件是指在设计定型完成后,经整理修改,作为组织、指导正式生产用的设计文件。

②设计文件的编号(图号)

为了便于设计文件的整理,每个设计文件都要有编号(图号)。设计文件的编号由四部分组成,常用的分类编号方法如图 4-1 所示。

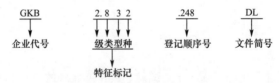

图 4-1 设计文件的编号方法

第一部分为企业代号,企业代号由企业上级机关决定,用大写汉语拼音字母区分,根据企业代号可知产品的生产厂家;第二部分为产品的特征标记,特征标记用于区分产品的级、类、型、种,而级、类、型、种又各有 10 种,用数字 0~9 表示,各位数字的意义可查阅有关标准;第三部分是登记顺序号,登记顺序号由企业标准化部门按照产品登记顺序统一用数字编排;第四部分是文件简号,文件简号是文件种类的简号,按照国家标准相关规定简写。

(2)工艺文件

工艺文件规定了实现设计要求的具体加工方法,它是根据设计文件、图纸及生产定型样机,结合工厂实际,如工艺流程、工艺装备、工人技术水平和产品的复杂程度而制定出来的文件。工艺文件用于指导工人操作、生产产品和进行工艺管理等工作,是企业组织生产、产品经济核算、质量控制和工人加工产品的技术依据。

工艺文件与设计文件同是指导生产的文件,两者是从不同角度提出要求的。设计文件是原始文件,是生产的前提,而工艺文件是根据设计文件提出的加工方法,为实现设计要求,以工艺规程和整机工艺文件图纸形式指导生产,以保证生产任务的顺利完成。

①工艺文件的分类

工艺文件大体可分为工艺管理文件和工艺规程两类。

工艺管理文件是供企业科学地组织生产、控制工艺的技术文件。工艺管理文件包括:工艺文件封面、工艺文件目录、工艺文件更改通知单、工艺路线表、材料消耗工艺定额明细表、专用及标准工艺装配明细表、配套明细表等。

工艺规程是规定产品和零件制造工艺过程和操作方法等的工艺文件,是工艺文件的主要部分。工艺规程按使用性质分可分为专用工艺规程、通用工艺规程和标准工艺规程。专用工艺规程是指专为某产品或组装件的某一工艺阶段而编制的一种文件。通用工艺规程是指结构和工艺特性相似的产品或组装件所共用的工艺文件。标准工艺规程是指经长期生产考验已定型的并纳入标准工序的工艺方法。工艺规程按产品生产过程中工序涉及的加工专业分类编写,是便于生产操作和使用的工艺文件。如:机械加工工艺卡、电气装配工艺卡、扎线工艺卡等。

②工艺文件的编号

工艺文件的编号由四个部分组成,第一部分是企业区分代号,第二部分是设计文件十进制数分类编号,第三部分是工艺文件的简号,必要时工艺文件简号可加第四部分,对区分号予以说明,示例如下:

SJA　2314001　GZP　1

企业区分代号,由大写的汉语拼音字母组成,用以区分编制文件的单位,例如图中的"SJA"即上海电子计算机厂的代号。工艺文件的简号由大写的汉语拼音字母组成,用以区分编制同一产品的不同种类的工艺文件,图中的"GZP"即装配工艺过程卡的简号。

常用的工艺文件简号见表4-1。

表 4-1　　　　　　工艺文件简号规定

序号	工艺文件名称	简号	字母含义	序号	工艺文件名称	简号	字母含义
1	工艺文件目录	GML	工目录	9	塑料压制件工艺卡	GSK	工塑卡
2	工艺路线表	GLB	工路表	10	电镀及化学镀工艺卡	GDK	工镀卡
3	工艺过程卡	GGK	工过卡	11	电化涂覆工艺卡	GTK	工涂卡
4	元器件工艺表	GYB	工艺表	12	热处理工艺卡	GRK	工热卡
5	导线及扎线加工表	GZB	工扎表	13	包装工艺卡	GBZ	工包装
6	各类明细表	GMB	工明表	14	调试工艺	GTS	工调试
7	装配工艺过程卡	GZP	工装配	15	检验规范	GJG	工检规
8	工艺说明及简图	GSM	工说明	16	测试工艺	GCS	工测试

区分号:当同一简号的工艺文件有两种或两种以上时,可用标注脚号(数字)的方法以区分工艺文件。表4-2为工艺文件用各类明细表。对于填有相同工艺文件名称及简号的各工艺文件,不管其使用何种格式,都应认为是属同一份独立的工艺文件,它们应在一起计算其张数。

表 4-2　　　　　　　　　　　　工艺文件用各类明细表

序号	工艺文件各类明细表	简号	序号	工艺文件各类明细表	简号
1	材料消耗工艺定额汇总表	GMB1	7	热处理明细表	GMB7
2	工艺装备综合明细表	GMB2	8	涂覆明细表	GMB8
3	关键件明细表	GMB3	9	工位器具明细表	GMB9
4	外协件明细表	GMB4	10	工量器件明细表	GMB10
5	材料工艺消耗定额综合明细表	GMB5	11	仪器仪表明细表	GMB11
6	配套明细表	GMB6			

4.2.2　电子产品文字性文件

电子产品文字性文件主要包括技术条件、技术说明书、安装说明书、使用说明书以及各工序操作时所要说明的文件,比如调试工艺说明、装配工艺说明等等。

1.技术条件

技术条件是指对产品质量、规格及其检验方法等所做的技术规定。技术条件是产品生产和使用时应当遵循的技术依据。技术条件的内容一般应包括:概述、外形尺寸、主要参数、试验方法、包装和标识以及贮存和运输等。

2.技术说明书

技术说明书用于说明产品用途、性能、组成、工作原理和使用维护方法等技术特性,供使用和研究产品之用。技术说明书的内容一般应包括:概述、技术参数、工作原理、结构特征、安装及调整要求等。在必要时,根据使用的需要可同时编制使用说明书,其内容主要包括产品的用途、简要技术特性及使用维护方法等。

3.安装说明书

安装说明书是为使用前的安装工作编写的说明,其内容主要包括产品性能、结构特点、安装图、安装方法以及注意事项。

4.使用说明书

使用说明书是企业提供给用户正确使用产品的说明,主要内容包括产品的性能、基本工作原理、使用方法和使用注意事项。

5.调试工艺说明

调试工艺说明是为调试人员调试产品所编写的,其内容包括调试的方法、步骤以及调试最终需要达到的性能指标等等。

4.2.3　电子产品表格性文件

电子产品表格性文件主要包括各种明细表、工艺路线表、加工工艺表等。

1.各类明细表

明细表是表格形式的技术文件,可分为成套设备明细表、整件明细表、配套件明细表(包括成套安装件、成套备件、成套工具和附件、成套装放器材、成套包装器材)等。

2.工艺路线表

工艺路线表简明列出了产品由准备到成品顺序流经的部门及各部门所承担的工序,并显示出零、部、组件的装入关系,它是生产计划部门进行车间分工和安排生产计划的依据,也是工艺部门编制工艺文件的依据。

3.加工工艺表

加工工艺表用于说明整机产品、部件进行加工时所应准备材料的要求,是企业组织生产、进行车间分工、生产技术准备工作的最基本的依据。

4.2.4　电子工程图

电子工程图主要包括电路原理图、装配图、接线示例图、方框示例图和工艺简图等。

1.电路原理图

电路原理图是用于说明产品各元器件或单元电路间相互关系及电气工作原理的图,它是产品设计和性能分析的原始资料,也是编制装配图和接线示例图的依据。如图 4-2 所示为一简单电源电路原理图。

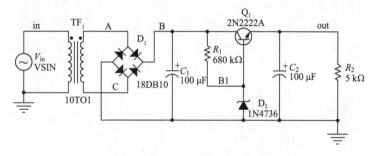

图 4-2　简单电源电路原理图

绘制电路原理图时,图中所有元器件应以国家标准规定的图形符号和文字代号表示,文字代号一般标注在图形符号的右方或上方,元器件位置应根据电气工作原理按自左向右或自上而下的顺序合理排列,图面应紧凑清晰、连线短且交叉少。图上的元器件可另外列出明细表,标明各自的项目代号、名称、型号及数量。

2.装配图

装配图是表示产品各组成部分相互连接关系的图样。在装配图上,仅按直接装入的零、部、整件的装配结构进行绘制,要求完整清楚地表示出产品各组成部分结构及其装配形状。装配图一般包括下列内容:表明产品装配结构的各种视图;装配时需要检查的尺寸及其极限偏差、外形尺寸、安装尺寸以及连接位置和尺寸;需要加工的说明;其他必要的技术要求和说明。

如图 4-3 所示为电源电路的印制板装配图,它上面一般不画出印制导线。

3.接线示例图

接线示例图是表示产品各零部件相对位置关系和实际接线位置的略图,它和电路原理图或逻辑图一起用于产品的接线、检查、维修。接线示例图还应包括进行装接时必要的资料,例如接线表,明细表等。对于复杂的产品,若一个接线面不能清楚地表达全部接线关系

图 4-3　电源电路的印制板装配图

时,可以从几个接线面分别给出。在某一个接线面上,如有个别零部件的接线关系不能表达清楚时,可采用辅助视图(剖视图、局部视图、向视图等)来说明,并在视图旁注明是何种辅助视图。看接线示例图时同样应先看标题栏、明细表,并参照电路原理图。复杂产品的接线示例图走线复杂,用的导线较多,为了便于接线,使走线整齐美观,可将导线绘制成线扎装配图。

4. 方框示例图

方框示例图又称系统示例图,是用一些方框表示某个产品电信号的流程和电路各部分功能关系的简图。

4.3 项目实施

项目要求学生根据项目示例和所学的技术文件知识,编写一套电子秤的技术文件,文件内容包括:技术文件封面、技术文件目录、工艺路线表、元器件工艺表、导线加工表、装配工艺过程卡、调试工艺卡等。

4.3.1 项目示例:温度控制仪技术文件的撰写

1. 编制技术文件的原则

编制技术文件应以保证产品质量,稳定生产为原则,以用最经济、最合理的工艺手段进行加工为目的。在编制前还应对该产品工艺方案的制定进行调查研究,掌握国内外制造该类产品有关的信息,以及上级或企业领导的有关文字决策和指令。具体编制时,应遵循以下原则:

(1)要根据产品批量的大小、技术指标的高低和复杂程度区别编制。对于一次性生产的产品,可根据具体情况编写临时工艺文件或参照借用同类产品的工艺文件。

(2)要考虑到产品生产车间的组织形式、工艺装备以及工人的技术水平等情况,在保证编制的工艺文件切实可行的前提下,确定文件编写的详细。

(3)对于未定型的产品,可不编写工艺文件或只编写部分必要的工艺文件。

(4)工艺文件应以图为主,力求一看就懂,一看就会操作,必要时加注简要说明。

(5)凡属应知应会的基本工艺规程内容,在工艺文件中可不编入。

2. 编制技术文件的方法

(1)熟悉设计文件,仔细分析设计文件的技术条件、技术说明、原理图、安装图、接线图、线扎图及有关的零、部件图等,弄清楚安装关系与焊接要求。

(2)首先编制准备工序的技术文件。包括各种导线的加工处理、线把扎制、地线成形、器件引脚成形浸锡、各种组合件的装焊等准备工序的工艺文件编制。

(3)接下来编制流水线工序的技术文件。先确定每个工序的工时,然后确定需要用几个工序。各工序的工作量要均衡,操作要顺手。无论是准备工序还是流水线各工序,所用的材料、器件、特殊工具、设备等都应编入。

(4)调试、检验、包装等工序技术文件的编制。调试检验所用的仪表设备、技术指标、测试和检验方法都应编入工艺文件。

3. 编制技术文件的注意事项

(1)要有统一的格式、幅面,并符合有关标准,文件应成套,并装订成册。

(2)技术文件中所采用的名称、编号、术语、代号、符号、计量单位要符合现行国标或部标规定,应与设计文件相一致。字体要采用国家正式公布的简化汉字,字体要工整清晰。

(3)工艺附图要按比例绘制(线扎图尽量采用1:1的图样),装配接线图中的接线部位要清楚,连接线的接点要明确,并注明完成工艺过程所需要的数据(如尺寸等)和技术要求。

(4)工序间的衔接应明确,要指出准备内容、装连方法、装连过程中的注意事项。

(5)尽可能应用企业现有的技术水平、工艺条件,以及现有的工装或专用工具、测试仪器和仪表。

4.技术文件填写

(1)技术文件封面填写

技术文件封面是技术文件装订成册的封面。简单产品的技术文件可按整机装订成一册,复杂产品的技术文件可装订成若干册,见表4-3。

表 4-3　　　　　　　　技术文件封面示例

	＊＊＊学校＊＊＊系＊＊＊班 温度控制仪 **技 术 文 件** 共 1 册 第 1 册 共　 页 产 品 型 号:HX108 产 品 名 称:温度控制仪 产 品 图 号:(按文件的编号编写) 本 册 内 容:
旧底图总号	
底图总号	
日期　　签名	批准: 　　年　 月　 日

填写方法:"型号""名称""图号"分别填写产品型号、名称、图号;"本册内容"填写本册主要内容的名称;"共×册"填写工艺文件的总册数;"第×册"填写本册在整个工艺文件中的序号;"共×页"填写本册的总页数;批准时填写批准日期。

(2)技术文件目录填写

用于汇总所有技术文件,装订成册方便查找,能反映产品技术文件的齐套性,见表4-4。填写方法:"产品名称或型号""产品图号"与封面的型号、名称、图号栏保持一致;内容栏按标题填写,填写所有工艺文件的图号、名称及其页数。

表 4-4　　　　　　　　　　　技术文件目录示例

工艺文件目录			产品名称或型号		产品图号
			温度控制仪		
序号	文件代号	零部件、整件图　号	零部件、整件名　称	页数	备注
1	GYWJ	GYWJFM	工艺文件封面	1	
2	GYWJ	GYWJML	工艺文件目录	1	
...	...	...	...	...	

旧底图总号	更改标记	数量	更改单号	签名	日期	签名		日期	第　页
						拟制			共　页
底图总号						审核			第　册
						标准化			第　页

(3)工艺路线表填写

工艺路线表简明列出了产品由准备到成品顺序流经的部门及各部门所承担的工序,并显示出零、部、组件的装入关系,它是生产计划部门进行车间分工和安排生产计划的依据,也是工艺部门编制工艺文件的依据,见表4-5。

填写方法:"装入关系"栏以方向指示线显示产品零部件、整件的装配关系;"部件用量""整件用量"栏,填写与产品明细表相对应的数量;"工艺路线及内容"栏,填写整件、部件、零件加工过程中各部门(车间)及其工序名称和代号。

表 4-5　　　　　　　　　　　工艺路线表示例

工艺路线表				产品名称或型号		产品图号
				温度控制仪		
序号	图号	名称	装入关系	部件用量	整件用量	工艺路线及内容
1		元器件加工	印制板插件	1	1	
2		导线加工	电源正极连接	1	1	
		…	…	…	…	

旧底图总号	更改标记	数量	更改单号	签名	日期	签名		日期	第　页
						拟制			共　页
底图总号						审核			第　册
						标准化			第　页

(4)元器件、导线及扎线加工表填写

元器件、导线及扎线加工表显示整机产品、部件进行电路连接所应准备的元器件、导线及扎线等线缆用品,是企业组织生产、进行车间分工、生产技术准备工作的最基本的依据,见表 4-6、表 4-7。

以表 4-7 为例,填写方法为:"编号"栏填写导线的编号或扎线图中导线的编号;"名称规格""颜色""数量"栏填写材料的名称规格、颜色、数量;长度栏中的"L""A 端""B 端""A 剥头""B 剥头",分别填写导线的开线尺寸、"去向、焊接处"栏填写导线焊接去向。

表 4-6 元器件加工表示例

元器件加工表				产品名称或型号				产品图号		
序号	编号	名称、规格和型号	数量	长度（mm）				设备	工时定额	备注
				A端	B端	C端	D端			
1	R_1	RT-1/8W-100 kΩ -±5%	1	10	10					
...	...	...								

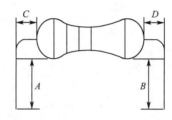

旧底图总号		更改标记	数量	更改单号	签名	日期	签名		日期	第 页
							拟制			共 页
底图总号							审核			第 册
							标准化			第 页

表 4-7 导线及扎线加工表示例

导线及扎线加工表				产品名称或型号						产品图号		
编号	名称规格	颜色	数量	长度（mm）					去向、焊接处		设备	工时定额	备注
				L 全长	A端	B端	A剥头	B剥头	A端	B端			
1	塑料线 AVR1×12	红	1	50			5	5	PCB	—	剪刀		
...	...	...	...	...				...	...	...	...	...	...

旧底图总号		更改标记	数量	更改单号	签名	日期	签名		日期	第 页
							拟制			共 页
底图总号							审核			第 册
							标准化			第 页

（5）配套明细表填写

配套明细表用以说明部件、整件装配时所需用的零件、部件、整件、外购件（包括元器件、协作件、标准件）等主要材料，以及生产过程中的辅助材料等，作为配套准备时领料、发料的依据，见表 4-8。

填写方法："编号""名称"及"数量"栏填写相应的整件设计文件明细表的内容；"来自何处"栏填写材料来源处；辅助材料填写在顺序的末尾。

表 4-8　　　　　　　　　　　　　　　配套明细表示例

配套明细表			装配件名称		装配件图号
序号	编号	名称、规格和型号	数量	来自何处	备注
1	R_1	RT-1/8W-100 kΩ-±5%	1	＊＊企业	电阻器
5	C_6-C_{10}	CC-63 V-0.022 μF	5	＊＊企业	瓷片电容

旧底图总号	更改标记	数量	更改单号	签名	日期	签名		日期	第　页
						拟制			共　页
底图总号						审核			第　　册
						标准化			第　页

（6）装配工艺过程卡填写

装配工艺过程卡用来描述产品的部件、整件的机械性装配和电气连接的装配工艺全过程，有许多张，包括装配准备、装联、调试、检验、包装入库等过程，本过程卡是整机装配中的重要文件，见表 4-9。

填写方法："装入件及辅助材料"中的"名称、牌号、技术要求""数量"栏应按工序填写相应设计文件的内容，辅助材料填在各道工序之后"工序（工步）内容及要求"栏填写装配工艺加工的内容和要求，空白栏处供画加工装配工序图用。

表 4-9　　　　　　　　　　　　装配工艺过程卡示例

装配工艺过程卡						装配件名称		图号	
编号	装入件及辅助材料		车间	工序号	工种	工序(工步)内容及要求		设备及工装	工时定额
	名称、牌号、技术要求	数量							
1									

说明:1. 识图、读图

识读温度控制仪的电路原理图和印制板图。

2. 元器件清点和检测

对照温度控制仪给定的元器件清单,对元器件实物品名及数量进行初步清点,然后借助仪器仪表对各元件的型号/规格逐一进行检测,同时做好记录并填表。

(1) 各种电阻、电位器、电容,应用万用表进行测量;

(2) 二极管、三极管,使用晶体管特性测量仪进行检测;

(3) 集成电路,应用万用表、数字实验平台对其质量、参数和逻辑功能进行检测;

(4) 各种开关、插件,应用万用表检测其通、断性能;

(5) 温度传感器,应用传感器实验平台对其参数进行测量。

3. 引线整形

……

旧底图总号	更改标记	数量	更改单号	签名	日期	签名		日期	第 页
						拟制			共 页
底图总号						审核			第 册
						标准化			第 页

(7) 工艺说明及简图填写

本卡用来说明在其他格式上难以表达清楚的、重要的和复杂的工艺,可作任何一种工艺过程的续卡,对某一简图、表格及文字进行说明用,也可以作为调试、检验及各种典型工艺文件的补充说明,见表 4-10 和表 4-11。

表 4-10   工艺说明及简图示例

印制板安装工艺说明及简图		名称	编号或图号

印制板安装说明：

1. 采用边插装边焊接的方法，依次正确插装、焊接好温度控制仪各个元器件。

(1)元器件插装与焊接的原则

• 一般焊接的顺序是按照先小后大、先轻后重、先里后外、先低后高、先普通后特殊的次序焊装。即先焊分立元件，然后焊集成块，最后焊接对外连线。

• 元器件在印制板上的排列和安装方式有两种：立式、卧式。

• 同类元件高度保持一致。元器件符号标识向上(卧式)或向外(立式)，以便于检查。

• 晶体管的安装：在安装前一定要分清集电极、基极、发射极。对于一些大功率晶体管，应先固定散热片，后插大功率晶体管再焊接。

• 集成电路的安装：一定要弄清其方向和引线脚的排列顺序，不能插错。

• 注意二极管、电解电容的正、负极。

• 穿过焊盘的引线待全部焊接完后再剪断。

温度控制仪中电阻器、二极管、集成电路芯片插座采用水平装配方式；电容器、三极管、可控精密稳压源采用垂直装配方式。

(2)电阻的插装与焊接

电阻应与电路板平行并安装在电阻封装中间位置上。如果电路板上电阻封装两孔间距离比电阻的长度小，电阻可竖起来插装，套管只用于有可能短路的情况下。

注：功率在 2 W 以上的电阻在插装时不得平贴于电路板上，以防烧坏板上的线路。

排阻是有极性的，插装时不能插反，否则将影响功能。一般来说，排阻的丝印位置上标有公共脚位置，用"1"字表示，插装时必须查看清楚。

(3)电容的插装与焊接

……

旧底图总号	更改标记	数量	更改单号	签名	日期	签名		日期	第 页
						拟制			共 页
底图总号						审核			第 册
						标准化			第 页

表 4-11   **工艺说明及简图示例**

调试工艺说明		名称	编号或图号

①上电后，确保 LM358 的 +12 V 和 -12 V 工作电压，以及热敏电阻 R_{pt} 和电阻 R_{27} 一端的 +2.5 V 工作电压。

②将变阻箱的阻值旋转到 8170 Ω(模拟当前温度为 0 ℃)，用万用表测量 LM358 的第 7 引脚输出电压。如果与 0 V 不等(或误差超过 ±0.1 V)，可用无感应起子分别旋转可调电阻 R_{W1}(粗调)和 R_{W2}(细调)，边旋转边观察万用表读数的变化，直到输出电压在误差范围内。

③再将变阻箱的阻值旋转到 1160 Ω(模拟当前温度为 50 ℃)，用万用表测量 LM358 的第 7 引脚输出电压。如果与 5 V 不等(或误差超过 ±0.1 V)，可用无感应起子分别旋转可调电阻 R_{W1}(粗调)和 R_{W2}(细调)，边旋转边观察万用表读数的变化，直到输出电压在误差范围内。

④同样的方法，将步骤②和③反复调试 2～3 次，直至对应输出电压值都在误差范围内。然后在当前温度为 0 ℃ 和 50 ℃ 之间，任取一个温度对应的阻值来调试，方法同上。

……

旧底图总号	更改标记	数量	更改单号	签名	日期	签名		日期	第 页
						拟制			共 页
底图总号						审核			第 册
						标准化			第 页

4.3.2　项目实现：家用电子秤技术文件的撰写

每位学生都需按照技术文件编写示例，以家用电子秤为载体编写技术文件封面、技术文件目录、工艺路线表、元器件工艺表、导线加工表、装配工艺过程卡、印制板安装工艺说明及简图、调试工艺说明文件。

4.4　项目评价

每位学生都需编写技术文件封面、技术文件目录、工艺路线表、元器件工艺表、导线加工表、装配工艺过程卡、印制板安装工艺说明及简图、调试工艺说明文件，每张文件10分，共计80分，平时作业和纪律各10分，合计100分。考核时，重点考查学生编写每张工艺文件的规范性和正确性。具体考核方式见表4-12。

表 4-12　考核评价表

任务过程	考核内容、要求	评分标准
组装	1.格式正确 2.填写规范 3.填写完整、是否有缺漏 4.说明用语能表达含义	1.缺一类文件扣10分 2.格式不正确扣10分 3.填写不准确、不规范每处扣2分 4.文字说明不清楚每处扣2分 5.文件表格中有缺漏每处扣2分

参考文献

[1] 臧春华,邵杰,魏小龙.综合电子系统设计与实践[M].北京:北京航空航天大学出版社,2009.

[2] 陆应华.电子系统设计[M].北京:国防工业出版社,2009.

[3] 孙宏国,周云龙.电子系统设计与实践[M].北京:清华大学出版社,2012.

[4] 杨刚,龙海燕.电子系统设计与实践[M].北京:电子工业出版社,2009.

[5] 解相吾,解文博.电子产品开发设计与实践教程[M].北京:清华大学出版社,2008.

[6] 韩雪涛,韩广兴,吴瑛等.电子产品装配技术与技能实训[M].北京:电子工业出版社,2012.

[7] 赵秋.电子产品设计与制作教程[M].南京:南京大学出版社,2012.

[8] 欧阳红,李仲秋.电子产品设计与制作指导教程[M].北京:清华大学出版社,2012.

[9] 邓延安.电子产品与制作简明教程[M].北京:中国水利水电出版社,2013.

[10] 张立.电子产品制作工艺与实训[M].北京:电子工业出版社,2012.

[11] 任希.电子技术:数字部分[M].北京:北京邮电大学出版社,2013.

[12] 杜伟略.单片机接口技术[M].西安:西安电子科技大学出版社,2010.

[13] 王静霞.单片机应用技术(C语言版)[M].北京:电子工业出版社,2009.

[14] 蔡建军.电子产品工艺与标准化[M].北京:北京理工大学出版社,2008.

[15] 刘霞,孟涛.电子设计与实践[M].北京:电子工业出版社,2009.

[16] 程远东,曾宝国.电子设计与制作技术[M].北京:科学出版社,2011.

[17] 李洋.现代电子设计与创新[M].北京:中国电力出版社,2012.

[18] 钱卫钧,赵云伟,李倩,孙红亮.综合电子设计与实践[M].北京:北京大学出版社,2011.

[19] 贾立新,王涌.电子系统设计与实践[M].第2版.北京:清华大学出版社,2011.

[20] 李金平,沈明山,姜余祥.电子系统设计[M].第2版.北京:电子工业出版社,2012.

[21] 王振红,张常年.综合电子设计与实践[M].北京:清华大学出版社,2008.